KB083262

열려라 심화

초등수학

4-2

□+○=921

가장 확실한
초등 심화 입문서

열려라

심화

초등수학

류승재 지음

블루무스에듀
bluemoose edu

4-2
학년

$\frac{7}{10} = 0.7$

$\frac{1}{2}$

누구나 심화 잘할 수 있습니다!
교재를 잘 만난다면 말이죠

이 책은 새로운 개념의 심화 입문교재입니다. 교과서와 개념·응용교재에서 배운 개념을 재확인하는 것부터 시작하는 이 책을 다 풀면 교과서부터 심화까지 한 학기 분량을 총정리하는 효과가 있습니다.

개념·응용교재에서 심화로의 연착륙을 돕도록 구성

시간과 노력을 들여 풀 만한 좋은 문제들로만 구성했습니다. 응용에서 심화로의 연착륙이 수월하도록 난도를 조절하는 한편, 중등 과정과의 연계성 측면에서 의미 있는 문제들만 엄선했습니다. 선행개념은 지금 단계에서 의미 있는 것들만 포함시켰습니다. 애초에 심화의 목적은 어려운 문제를 오랫동안 생각하며 푸는 것이기에 너무 많은 문제를 풀 필요가 없습니다. 또한 응용교재에 비해 지나치게 어려워진 심화교재에 도전하다 포기하거나, 도전하기도 전에 어마어마한 양에 겁부터 집어먹는 수많은 학생들을 봐 왔기에 내용과 양 그리고 난이도를 조절했습니다.

단계별 힌트를 제공하는 답지

이 책의 가장 중요한 특징은 정답과 풀이입니다. 전체 풀이를 보기 전, 최대 3단계까지 힌트를 먼저 주는 방식으로 구성했습니다. 약간의 힌트만으로 문제를 해결함으로써 가급적 스스로 문제를 푸는 경험을 제공하기 위함입니다.

이런 학생들에게 추천합니다

이 책은 응용교재까지 소화한 학생이 처음 하는 심화를 부담없이 진행하도록 구성한 책입니다. 즉 기본적으로 응용교재까지 소화한 학생이 대상입니다. 하지만 개념교재까지 소화한 후, 응용을 생략하고 심화에 도전하고 싶은 학생에게도 추천합니다. 일주일에 2시간씩 투자하면 한 학기 내에 한 권을 정복할 수 있기 때문입니다.

심화를 해야 하는데 시간이 부족한 학생에게도 추천합니다. 이런 경우 원래는 방대한 심화교재에서 문제를 골라서 풀어야 했는데, 그 대신 이 책을 쓰면 됩니다.

이 책을 사용해 수학 심화의 문을 열면, 수학적 사고력이 생기고 수학에 대한 자신감이 생깁니다. 심화라는 문을 열지 못해 자신이 가진 잠재력을 펼치지 못하는 학생들이 없기를 바라는 마음에 이 책을 썼습니다. 《열려라 심화》로 공부하는 모든 학생들이 수학을 즐길 수 있게 되기를 바랍니다.

류승재

• 차 례 •

이 책의 구성

· 기본 개념 테스트

단순히 개념 관련 문제를 푸는 수준에서 그치지 않고, 하단에 넓은 공간을 두어 스스로 개념을 쓰고 정리하게 구성되어 있습니다.

TIP 답이 틀려도 교습자는 정답과 풀이의 답을 알려 주지 않습니다. 교과서와 개념교재를 보고 답을 쓰게 하세요.

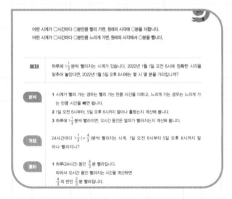

· 단원별 심화

가장 자주 나오는 심화개념으로 구성했습니다. 예제는 분석–개요–풀이 3단으로 구성되어, 심화개념의 핵심이 무엇인지 바로 알 수 있게 했습니다.

TIP 시간은 넉넉히 주고, 답지의 단계별 힌트를 참고하여 조금씩 힌트만 주는 방식으로 도와주세요.

· 심화종합

단원별 심화를 푼 후, 모의고사 형식으로 구성된 심화종합 5세트를 풉니다. 앞서 배운 것들을 이리저리 섞어 종합한 문제들로, 뇌를 깨우는 '인터리빙' 방식으로 구성되어 있어요.

TIP 만약 아이가 특정 심화개념이 담긴 문제를 어려워한다면, 스스로 해당 개념이 나오는 단원을 찾아낸 후 이를 복습하게 지도하세요.

- **실력 진단 테스트**

한 학기 동안 열심히 공부했으니, 이제 내 실력이
어느 정도인지 확인할 때! 테스트 결과에 따라 무
엇을 어떻게 공부해야 하는지 안내해요.

TIP 처음 하는 심화는 원래 어렵습니다. 결과에 연연하기
보다는 책을 모두 푼 아이를 칭찬하고 격려해 주세요.

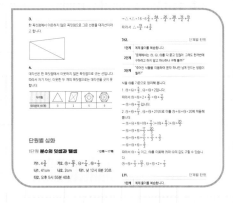

- **단계별 힌트 방식의 답지**

처음부터 끝까지 풀이 과정만 적힌 일반적인 답지
가 아니라, 문제를 풀 때 필요한 힌트와 개념을 단
계별로 제시합니다.

TIP 1단계부터 차례대로 힌트를 주되, 힌트를 원한다고 무
조건 주지 않습니다. 단계별로 1번씩은 다시 생각하라고
돌려보냅니다.

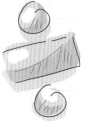

＊어렵거나 헷갈리는 문제를 류승재 선생님이 직접
풀어 줍니다. 문제 밑 QR 코드를 찍어 보세요!

이 순서대로 공부하세요

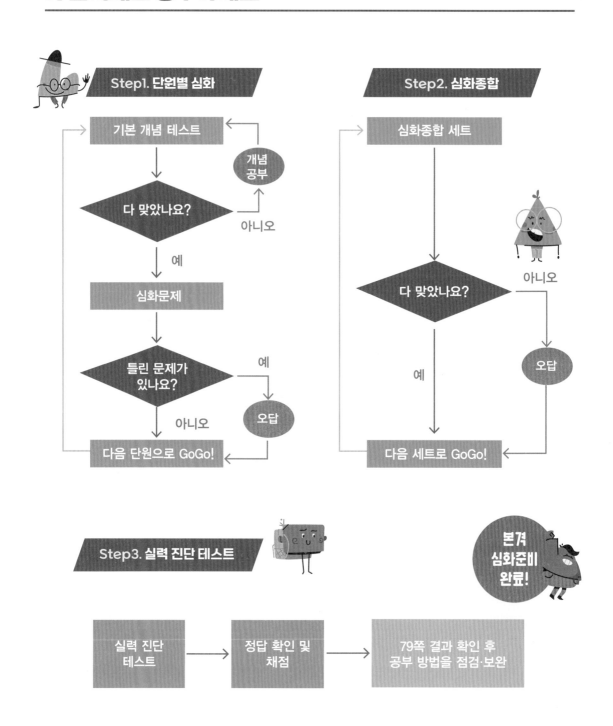

Step1. 단원별 심화

기본 개념 테스트

개념 공부

다 맞았나요?

아니오

예

심화문제

틀린 문제가 있나요?

예

오답

아니오

다음 단원으로 GoGo!

Step2. 심화종합

심화종합 세트

다 맞았나요?

아니오

오답

예

다음 세트로 GoGo!

Step3. 실력 진단 테스트

본격 심화준비 완료!

실력 진단 테스트

정답 확인 및 채점

79쪽 결과 확인 후 공부 방법을 점검·보완

단원별 심화

① 분수의 덧셈과 뺄셈

■ ＋ ■ ＊ ÷
기본 개념 테스트

아래의 기본 개념 테스트를 통과하지 못했다면,
교과서 · 개념교재 · 응용교재를 보며 이 단원을 다시 공부하세요!

❶ $\dfrac{2}{6}+\dfrac{3}{6}$ 을 어떻게 계산하는지 그림을 그려 설명하세요.

❷ $\dfrac{5}{6}-\dfrac{3}{6}$ 을 어떻게 계산하는지 그림을 그려 설명하세요.

3 $2\frac{3}{5} + 2\frac{1}{5}$ 을 어떻게 계산하는지 다음 물음에 답하시오.

   1) 자연수는 자연수끼리, 분수는 분수끼리 계산하고 방법을 설명하세요.

   2) 가분수로 고쳐서 계산하고 방법을 설명하세요.

4 $3\frac{4}{5} - 2\frac{3}{5}$ 을 어떻게 계산하는지 다음 물음에 답하시오.

   1) 자연수는 자연수끼리, 분수는 분수끼리 계산하고 방법을 설명하세요.

   2) 가분수로 고쳐서 계산하고 방법을 설명하세요.

복잡한 분수의 덧셈과 뺄셈

식을 잘 세우는 게 중요해.

등식의 성질은 분수에서도 똑같이 적용됩니다.

예제 | 가+나=$\frac{25}{8}$, 나+다=$\frac{28}{8}$, 가+다=$\frac{27}{8}$일 때,
(가+나+다)의 값을 구하여라.

분석
1 식이 3개, 모르는 것도 3개입니다.
2 주어진 식들을 이용하여 가, 나, 다 중 하나만 남게 만드는 방법은?

개요
주어진 세 개의 식을 이용해 (가+나+다)의 값을 구하면?

풀이
(가+나)=$\frac{25}{8}$, (나+다)=$\frac{28}{8}$이므로

(가+나)+(나+다)=$\frac{25}{8}+\frac{28}{8}=\frac{53}{8}$입니다.

→ 나+나+가+다=$\frac{53}{8}$

그런데 가+다=$\frac{27}{8}$이므로, 나+나+$\frac{27}{8}=\frac{53}{8}$입니다.

→ 나+나+$\frac{27}{8}-\frac{27}{8}=\frac{53}{8}-\frac{27}{8}$

→ 나+나=$\frac{26}{8}$

→ 나+나=$\frac{13}{8}+\frac{13}{8}$($\frac{26}{8}=\frac{13}{8}+\frac{13}{8}$을 이용)

→ 나=$\frac{13}{8}$

따라서 (가+나+다)=(가+다)+나=$\frac{27}{8}+\frac{13}{8}=\frac{40}{8}$입니다.

팁
가, 나, 다 중 어떤 문자도 상관 없으니 식에서 하나만 남도록 식을 정리합니다.

가 1 $\Box + \triangle = 8\dfrac{3}{4}$, $\triangle + \bigcirc = 7\dfrac{1}{4}$, $\Box + \bigcirc = 6\dfrac{2}{4}$ 입니다. $\triangle$의 값을 구하시오.

가 2   다음 조건을 만족하는 ㉮, ㉯, ㉰를 구하시오.

$$㉮ + ㉯ + ㉰ = \dfrac{20}{3}, \quad ㉮ = ㉯ + \dfrac{5}{3}, \quad ㉯ = ㉰ + 2$$

3학년 1학기 때
등식의 성질을 배웠지?

나 | 겹치는 종이 띠

(겹치는 부분의 개수)=(전체 종이 띠의 개수)−1

(전체 길이)=(종이 띠 1장의 길이)×(종이 띠의 개수)−(겹치는 부분의 전체 길이)

예제

길이가 6cm인 종이 띠 3장을 $1\frac{3}{5}$ cm씩 겹치도록 이어 붙였습니다.

종이 띠의 전체 길이를 구하시오.

분석

1 종이 띠 3장을 이어 붙이면 2군데가 겹칩니다.

2 겹친 부분만큼의 길이를 빼야 전체 길이를 구할 수 있습니다.

개요

종이 띠: 3장, 겹치는 한 부분의 길이: $1\frac{3}{5}$ cm, 전체 길이는?

풀이

종이 띠 3장이 서로 겹치면 겹치는 부분은 2군데가 생깁니다.

(겹친 부분의 전체 길이)=$1\frac{3}{5}+1\frac{3}{5}=2+\frac{6}{5}=3\frac{1}{5}$ (cm)

(전체 길이)=(종이 띠 1장의 길이)×(종이 띠의 개수)−(겹치는 부분의 전체 길이)이므로

(전체 길이)=$6×3-3\frac{1}{5}=18-3\frac{1}{5}=17\frac{5}{5}-3\frac{1}{5}=14\frac{4}{5}$ (cm)

나 1 길이가 10cm인 종이 띠 5장을 $2\frac{1}{4}$cm씩 겹치도록 이어 붙였습니다. 종이 띠의 전체 길이를 구하시오.

나 2 똑같은 길이의 종이 띠 4장을 $\frac{2}{3}$cm씩 겹치도록 이어 붙였더니 전체 길이가 6cm가 되었습니다. 종이 띠 1장의 길이는 몇 cm입니까?

어렵다면 3학년
1학기 1단원으로
돌아가 복습!

다 | 빠르게 가는 시계, 느리게 가는 시계

어떤 시계가 □시간마다 ○분만큼 빨리 가면, 원래의 시각에 ○분을 더합니다.
어떤 시계가 □시간마다 ○분만큼 느리게 가면, 원래의 시각에서 ○분을 뺍니다.

예제 | 하루에 $1\frac{1}{3}$분씩 빨라지는 시계가 있습니다. 2022년 1월 1일 오전 6시에 정확한 시각을 맞추어 놓았다면, 2022년 1월 5일 오후 6시에는 몇 시 몇 분을 가리킵니까?

분석

1 시계가 빨리 가는 경우는 빨리 가는 만큼 시간을 더하고, 느리게 가는 경우는 느리게 가는 만큼 시간을 빼면 됩니다.

2 1일 오전 6시부터, 5일 오후 6시까지 얼마나 흘렀는지 계산해 봅니다.

3 하루에 $1\frac{1}{3}$분씩 빨라지면, 12시간 동안은 얼마가 빨라지는지 계산해 봅니다.

개요

24시간마다 $1\frac{1}{3}(=\frac{4}{3})$분씩 빨라지는 시계, 1일 오전 6시부터 5일 오후 6시까지 얼마나 빨라지나?

풀이

1 하루(24시간) 동안 $\frac{4}{3}$분 빨라집니다.

따라서 12시간 동안 빨라지는 시간을 계산하면

$\frac{4}{3}$의 반인 $\frac{2}{3}$분 빨라집니다.

2 1일 오전 6시~5일 오후 6시까지 흐른 시간은 4일 12시간입니다.

4일 동안 $\frac{4}{3}+\frac{4}{3}+\frac{4}{3}+\frac{4}{3}$(분) 빨라지고, 12시간 동안 $\frac{2}{3}$분 빨라집니다.

따라서 4일 12시간 동안 빨라지는 시간을 계산하면

$\frac{4}{3}+\frac{4}{3}+\frac{4}{3}+\frac{4}{3}+\frac{2}{3}=\frac{18}{3}=6$ (분)입니다.

2022년 1월 5일 오후 6시에 시계는 오후 6시 6분을 가리킵니다.

다 1 하루에 $1\frac{1}{3}$분씩 빨라지는 시계가 있습니다. 2022년 2월 1일 오전 6시에 정확한 시각을 맞추어 놓았을 때, 2022년 2월 7일 낮 12시에는 몇 시 몇 분을 가리킬까요?

다 2 하루에 $\frac{2}{3}$분씩 느려지는 시계가 있습니다. 어느 달 1일 오전 6시에 정확한 시각을 맞추어 놓았을 때, 같은 달 7일 오후 6시에는 몇 시 몇 분을 가리킬까요?

계산할 때는
분수로 하는 게
편해!

② 삼각형

＋ ― ✕ ÷

기본 개념 테스트

아래의 기본 개념 테스트를 통과하지 못했다면,
교과서 · 개념교재 · 응용교재를 보며 이 단원을 다시 공부하세요!

① 이등변삼각형이 무엇인가요? 뜻과 성질을 쓰고, 그림을 그려 보세요.

② 정삼각형이 무엇인가요? 뜻과 성질을 쓰고, 그림을 그려 보세요.

③ 예각삼각형이 무엇인가요? 뜻과 성질을 쓰고, 그림을 그려 보세요.

정답과 풀이 02쪽

4 직각삼각형이 무엇인가요? 뜻과 성질을 쓰고, 그림을 그려 보세요.

5 둔각삼각형이 무엇인가요? 뜻과 성질을 쓰고, 그림을 그려 보세요.

6 다음 물음에 답하시오.

1) 이등변삼각형은 정삼각형일까요? (예/아니오) 그 이유는 무엇인가요?

2) 정삼각형은 이등변삼각형일까요? (예/아니오) 그 이유는 무엇인가요?

3) 예각삼각형은 직각삼각형일까요? (예/아니오) 그 이유는 무엇인가요?

4) 직각삼각형은 둔각삼각형일까요? (예/아니오) 그 이유는 무엇인가요?

가 이등변삼각형과 정삼각형의 성질

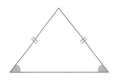

이등변삼각형의 성질

이등변삼각형의 두 밑각의 크기는 같습니다.

정삼각형의 성질

정삼각형 세 각의 크기는 모두 60°입니다.

예제

삼각형을 찾고
또 찾아봐!

다음 도형에서 사각형 ㄱㄴㄷㄹ은 정사각형이고, 삼각형 ㄱ
ㅇㄹ은 정삼각형입니다. 이때 각 ㅇㄴㄷ과 각 ㄴㅇㄷ의 합
을 구하시오.

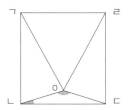

분석

1 도형 속에서 정삼각형과 이등변삼각형을 찾아봅니다.

2 이등변삼각형과 정삼각형의 성질을 이용해 길이가 같은 변을 찾아봅니다.

3 정삼각형의 성질을 이용해 크기를 알 수 있는 각도를 찾아봅니다.

풀이

1 정사각형의 변의 길이는 모두 같고, 각은 모두 90°입니다.

따라서 (변 ㄱㄴ)=(변 ㄴㄷ)=(변 ㄷㄹ)=(변 ㄱㄹ)

또한 (각 ㄱㄴㄷ)=(각 ㄴㄷㄹ)=(각 ㄷㄹㄱ)=(각 ㄹㄱㄴ)=90°

2 정삼각형의 변의 길이는 모두 같고, 각은 모두 60°입니다.

따라서 (변 ㄱㄹ)=(변 ㄱㅇ)=(변 ㅇㄹ)이므로,

삼각형 ㄱㅇㄴ과 삼각형 ㄹㅇㄷ은 이등변삼각형입니다.

또한 (각 ㄱㅇㄹ)=(각 ㅇㄹㄱ)=(각 ㄹㄱㅇ)=60°이므로,

(각 ㄷㄹㅇ)=90°−60°=30°이고, (각 ㄴㄱㅇ)=90°−60°=30°입니다.

3 이등변삼각형의 두 밑각의 크기는 같습니다.

따라서 (각 ㄱㄴㅇ)=(각 ㄱㅇㄴ)=(180°−30°)÷2=75°

또한 (각 ㄹㄷㅇ)=(각 ㄹㄷㅇ)=(180°−30°)÷2=75°

4 (각 ㅇㄷㄷ)=(각 ㅇㄷㄴ)=90°−75°=15°이므로,

(각 ㄴㅇㄷ)=180°−15°−15°=150°

5 따라서 (각 ㅇㄴㄷ)+(각 ㄴㅇㄷ)=15°+150°=165°

가 1 삼각형 ㄱㄴㄹ과 삼각형 ㄴㄷㄹ은 이등변삼각형입니다. 각 ㄱㄹㄴ의 크기는 몇 도입니까?

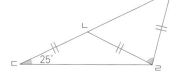

가 2 다음 그림에서 (변 ㄱㄴ) = (변 ㄴㄷ) = (변 ㄷㄹ) = (변 ㄹㅁ)일 때, 각 ㄹㅁㄷ의 크기를 구하시오.

어렵겠지만 힘을 내!

예제

원의 성질을 떠올려 보자!

다음 도형에서 점 ㅇ은 원의 중심이고 선분 ㄹㅇ과 선분 ㄹㅁ의 길이가 같습니다. 각 ㉠과 ㉡의 합을 구하시오. (단, 선분 ㄴㅁ은 일직선입니다.)

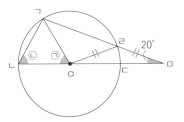

분석

1 원의 반지름 두 개를 변으로 하는 이등변삼각형을 찾아봅니다.

2 이등변삼각형의 성질, 정삼각형의 성질을 이용해 길이가 같은 변과 크기가 같은 각을 먼저 표시해 봅니다.

3 삼각형의 두 내각의 합은 이웃하지 않는 외각의 크기와 같습니다.

풀이

1 (변ㄹㅁ)=(변ㄹㅇ)이므로 삼각형ㄹㅁㅇ은 이등변삼각형입니다.

따라서 (각ㄹㅁㅇ)=(각ㄹㅇㅁ)=20°

2 삼각형의 외각의 성질을 이용하면

(각ㅇㄹㄱ)=(각ㄹㅇㅁ)+(각ㄹㅁㅇ)=40°

3 변ㄹㅇ과 변ㄱㅇ은 둘 다 원의 반지름으로 길이가 같습니다.

따라서 삼각형ㄱㅇㄹ은 이등변삼각형입니다.

따라서 (각ㅇㄱㄹ)=(각ㅇㄹㄱ)=40°

4 삼각형ㄱㅁㅇ에서 외각의 성질을 이용하면

㉠=(각ㅇㄱㅁ)+(각ㄱㅁㅇ)=40°+20°=60°

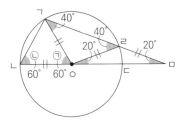

5 변ㄱㅇ과 변ㄴㅇ은 둘 다 원의 반지름으로 길이가 같습니다.

따라서 삼각형ㄱㄴㅇ은 이등변삼각형입니다.

따라서 (각ㅇㄱㄴ)=(각ㅇㄴㄱ)

따라서 ㉡=(180°−㉠)÷2=(180°−60°)÷2=60°

6 ㉠+㉡=120°입니다.

정답과 풀이 06쪽

나 1 다음 그림에서 점 ㅇ은 원의 중심이고 변 ㄱㄴ과 변 ㄴㅇ의 길이가 같습니다. 또한 선분 ㄴㄷ은 일직선입니다. 각 ㅇㄷㄱ의 크기를 구하시오.

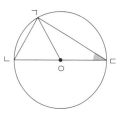

나 2 사각형 ㄱㄴㄷㄹ은 정사각형이고, 삼각형 ㅁㄴㄷ은 정삼각형입니다. 각 ㅁㄱㄷ의 크기를 구하시오.

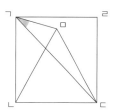

정사각형의 성질도 기억하고 있겠지?

다 | 접은 도형에서 각도 구하기

모양이 완전히
똑같다고?

접은 도형은 접기 전 부분과 모양이 똑같습니다.
두 도형의 각도와 길이가 같습니다.

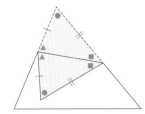

예제

의심되면
직접 접어 봐!

삼각형 ㄱㄴㄷ을 접어 다음과 같은 도형을 만들었습니다.
각 ㉠의 크기를 구하시오.

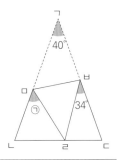

분석

1 삼각형을 접었습니다.

2 접은 도형과 접히기 전 도형은 모양이 똑같습니다.

3 그러므로 길이도 같고, 각도도 같습니다.

풀이

각도의 크기가 같은 부분을 동그라미와 별을 이용해 표시해 봅니다.

1 ★, ★, 34°는 평각을 이룹니다.

따라서 ★+★+34°=180°

→ ★+★+34°=146°+34°

→ ★+★=146°

→ ★=73°

2 삼각형 ㄹㅁㅂ의 세 내각의 합은 180°입니다.

따라서 ●+40°+★=180°

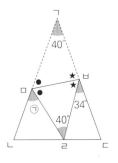

→ ●+40°+73°=180°

→ ●+113°=180°

→ ●=67°

3 ●, ●, ㉠은 평각을 이룹니다.

따라서 ●+●+㉠=180°

→ 67°+67°+㉠=180°

→ 134°+㉠=180°

따라서 ㉠=46°입니다.

다 1 가로의 길이가 10cm인 직사각형 모양의 종이를 다음과 같이 접었습니다. 각 ㅅㅈㅁ의 크기는 60°, 선분 ㅁㅈ의 길이는 4cm입니다. 선분 ㅇㅁ의 길이를 구하시오.

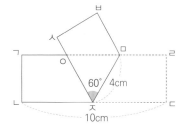

다 2 변 ㄱㄴ과 변 ㄱㄷ의 길이가 같은 이등변삼각형 ㄱㄴㄷ을 다음과 같이 접었습니다. ㉮의 크기를 구하시오.

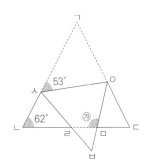

각의 크기를 찾는 재미가 있어.

③ 소수의 덧셈과 뺄셈

╋ ━ ✖ ➗
기본 개념 테스트

아래의 기본 개념 테스트를 통과하지 못했다면,
교과서 · 개념교재 · 응용교재를 보며 이 단원을 다시 공부하세요!

① 서로 다른 소수의 크기는 어떻게 비교할까요? 예를 들어 설명하세요.

② 소수 1.573의 10배는 몇이고, 소수 1.573의 $\frac{1}{10}$배는 몇인지 구하세요. 이렇게 구한 소수들의 크기를 비교해 설명하세요.

③ 한 자리 수 소수의 덧셈하는 방법을 예를 들어 설명하세요.

④ 두 자리 수 소수의 뺄셈하는 방법을 예를 들어 설명하세요.

가 │ 모르는 수 구하기: 합과 차가 주어진 경우

합과 차가 주어지고 모르는 두 수가 나오는 경우, 우선 똑같이 만들고 차이를 만들어 갑니다.

예제 │ 합이 16.8이고 차가 0.8인 두 수를 구하여라.

분석

1 합과 차가 주어진 두 수를 구하는 문제입니다.

2 합을 이용해 똑같은 수를 만들고, 차이를 만들어 갑니다.

3 한쪽이 다른 한쪽에 □만큼 주면, 차이는 □+□가 됩니다.

4 표를 만들어 순서를 정리합니다.

풀이

큰 수	작은 수	분배
8.4	8.4	16.8을 똑같이 나누어 봅니다.
8.4+0.4	8.4−0.4	작은 수에서 큰 수로 0.4를 주면, 차이는 0.4의 두 배인 0.8만큼 나게 됩니다.
8.8	8.0	차가 0.8인 두 수

가 1 합이 20.4이고 차가 0.6인 두 수를 구하시오.

가 2 두 소수가 있습니다. 두 소수의 합은 4.24이고, 차는 2.22일 때 두 소수를 구하시오.

3학년 1학기 5단원에
비슷한 문제가 있어.

차근차근
상황을
살펴봐!

여러 물건의 무게를 구해야 하는 경우, 물건 하나의 무게를 먼저 구하면 편해집니다.

예제

책 20권이 들어 있는 상자의 무게가 18.76kg입니다. 이 상자에서 책 7권을 빼고 다시 무게를 재니 12.53kg입니다. 빈 상자의 무게를 구하시오.

분석

1 책 20권이 아닌, 책 7권의 무게를 구할 수 있습니다.

2 책 1권의 무게를 구하는 방법을 찾아봅니다.

3 상자의 무게는 전체 무게에서 책의 무게를 빼면 됩니다.

개요

책 20권 상자의 무게: 18.76kg

책 7권을 제외한 상자의 무게: 12.53kg

빈 상자의 무게는?

풀이

책 20권이 들어 있는 상자의 무게에서 책 13권이 들어 있는 상자의 무게를 빼면, 책 7권의 무게를 구할 수 있습니다.

(책 7권의 무게)=18.76−12.53=6.23(kg)

6.23kg은 6230g입니다.

(책 1권의 무게)=6230÷7=890(g)

(책 20권의 무게)=890×20=17800(g)=17.8(kg)

책 20권이 들어 있는 상자의 무게에서 책 20권의 무게를 빼면, 상자의 무게를 구할 수 있습니다.

(상자의 무게)=18.76−17.8=0.96(kg)

나 1 책 20권이 들어 있는 상자의 무게가 18.76kg입니다. 이 상자에 책 7권을 더 넣고 다시 무게를 재니 22.54kg입니다. 빈 상자의 무게를 구하시오.

나 2 책 20권이 들어 있는 상자의 무게가 24.5kg입니다. 이 상자에서 책 5권을 빼고 다시 무게를 재니 19.3kg입니다. 빈 상자의 무게를 구하시오.

우리 지금
같이 공부하자!

사각형

기본 개념 테스트

아래의 기본 개념 테스트를 통과하지 못했다면,
교과서 · 개념교재 · 응용교재를 보며 이 단원을 다시 공부하세요!

1 수직이 무엇인가요? 그림을 그려 설명하세요.

2 수선이 무엇인가요?

3 평행선이 무엇인가요? 그림을 그려 설명하세요.

정답과 풀이 04쪽

4 사다리꼴, 평행사변형, 마름모의 뜻을 설명하세요.

5 여러 가지 사각형에 대해 다음 물음에 답하시오.

1) 모든 변의 길이가 같은 사각형은?

2) 마주 보는 두 쌍의 변이 평행한 사각형은?

3) 모든 이웃하는 변이 수직인 사각형은?

4) 네 각의 크기가 모두 같은 사각형은?

㉠과 ㉡은
맞꼭지각,
4학년 1학기 때
배웠지?

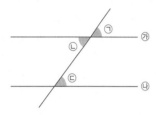

1. 같은 쪽에 생기는 각 ㉠과 각 ㉢을 동위각이라 부릅니다.
   평행한 두 직선 ㉮와 ㉯가 다른 한 직선과 만날 때, 동위각
   의 크기는 서로 같습니다. 즉 각 ㉠=각 ㉢
2. 서로 반대쪽에 생기는 각 ㉡과 각 ㉢을 엇각이라 부릅니다.
   엇각의 크기는 서로 같습니다. 즉 각 ㉡=각 ㉢

예제

없던 선을
그어 봐.

직선 가와 직선 나는 서로 평행합니다.
㉠의 각도를 구하여라.

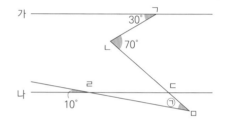

분석

1 평행선이 두 개가 있으므로, 평행선의 성질을 이용해 봅니다.

2 이를 위해 점 ㄴ을 지나고 두 직선과 평행한 선을 그어 봅니다.

풀이

1 점 ㄴ을 지나며 두 평행선과 평행한 직선을 그어 봅니다.

2 평행선에서 엇각의 크기가 같습니다.

   따라서 (각 ㅂㄱㄴ)=(각 ㄱㄴㅅ)=30°입니다.

   → (각 ㅅㄴㄷ)=70−30°=40°

   엇각의 성질에 따라 (각 ㅅㄴㄷ)=(각 ㄴㄷㄹ)=40°

3 맞꼭지각의 크기는 같으므로 각 ㅇㄹㅈ과 각 ㄷㄹㅁ은 모두 10°입니다.

4 삼각형의 외각의 성질에 따라,

   삼각형 ㄷㄹㅁ에서

   (각 ㄷㄹㅁ)+(각 ㄷㅁㄹ)=(각 ㄴㄷㄹ)

   → 10°+㉠=40°

   따라서 ㉠=30°입니다.

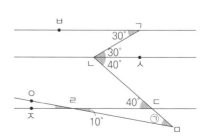

가 1 다음 그림에서 직선 가와 직선 나는 서로 평행합니다. ㉮의 크기를 구하시오.

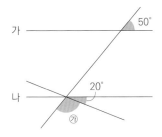

가 2 다음 도형에서 각 ㉠과 각 ㉡은 각각 몇 도입니까?

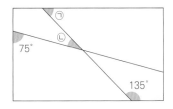

포기하면
안 돼!

✦ ▬ ✦ ✦

기본 개념 테스트

아래의 기본 개념 테스트를 통과하지 못했다면,
교과서·개념교재·응용교재를 보며 이 단원을 다시 공부하세요!

1 꺾은선그래프가 무엇인가요?

2 꺾은선그래프로 나타내기 좋은 자료에는 어떤 것들이 있나요?

3 꺾은선그래프의 장점에 대해 설명하세요.

가 | 이중꺾은선그래프

꺾은선그래프
2개를 합쳤어.

이중꺾은선그래프는 서로 다른 두 자료를 하나의 그래프에 꺾은선그래프로 나타낸 것입니다.
두 자료를 비교할 때 효과적입니다.

예제

다음 그래프는 두 도시의 기온을 조사하여 나타낸 것이다. □ 안에 들어가는 수의 합을
구하시오.

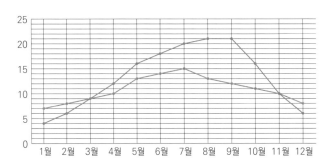

㉠ 두 도시의 기온이 같아지는 달이 □번 있습니다.
㉡ 두 도시의 기온의 차가 가장 클 때는 □월이고, □도 차이가 납니다.

**문제 속에
답이 있어.**

분석

1 2개의 꺾은선그래프를 해석합니다.

2 가로는 월, 세로는 기온이 표시되어 있습니다.

3 같은 달에 기온이 같아지면 그래프가 겹칩니다.

4 같은 달의 기온의 차는 그래프의 높이의 차로 확인합니다.

풀이

1 두 도시의 기온이 같아지는 달을 찾으려면, 두 그래프가 만나는 점을 찾아야 합니다. 3월
과 11월이므로, 2번 있습니다. 따라서 ㉠의 □ 안에 들어가는 수는 2입니다.

2 같은 달에 기온의 차가 가장 클 때는 두 그래프의 간격이 가장 벌어질 때인 9월입니다.
이때 기온의 차는 $21° - 12° = 9°$입니다.

□를 채우면 다음과 같습니다.

㉠ 두 도시의 기온이 같아지는 달이 ②번 있습니다.

㉡ 두 도시의 기온의 차가 가장 큰 때는 ⑨월이고, ⑨도 차이가 납니다.

답은 2+9+9=20입니다.

가 1 다음은 다혜의 영어와 수학 성적의 변화를 나타낸 꺾은선그래프입니다. □ 안에 들어갈 수를 각각 구하시오.

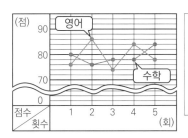

1) 영어 성적보다 수학 성적이 더 높은 경우의 횟수는 □번입니다.

2) 영어 성적과 수학 성적의 차이가 가장 많이 나는 경우의 점수의 차이는 □점입니다.

가 2 다음은 명기와 동석이의 몸무게 변화를 조사한 꺾은선그래프입니다. □ 안에 들어갈 수의 합을 구하시오.

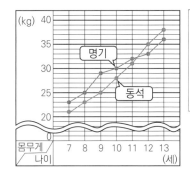

1) 두 사람의 몸무게 차이가 가장 많은 때는 □세이고, □kg 차이가 납니다.

2) 동석이가 명기보다 무거워지기 시작하는 때는 □세에서 □세 사이입니다.

눈을 크게 뜨고
그래프를 살펴 봐!

기본 개념 테스트

아래의 기본 개념 테스트를 통과하지 못했다면,
교과서 · 개념교재 · 응용교재를 보며 이 단원을 다시 공부하세요!

1 다각형이 무엇인가요? 뜻을 쓰고, 그림을 그려 보세요.

2 다각형과 정다각형의 공통점과 차이점을 설명하세요.

3 대각선이 무엇인가요? 뜻을 쓰고, 그림을 그려 보세요.

4 삼각형, 사각형, 오각형, 육각형에서 그을 수 있는 대각선의 개수는 몇 개인가요?

다각형의 대각선의 개수

이웃한 점에는 대각선을 그을 수 없어.

대각선은 서로 이웃하지 않는 두 꼭짓점을 이은 선분입니다. 따라서 자기 자신, 이웃한 꼭짓점 2개에는 대각선을 긋지 못합니다. 따라서 □각형의 한 꼭짓점에서 그을 수 있는 대각선의 개수는 (□−3)개입니다.

□각형의 모든 꼭짓점마다 (□−3)개의 대각선을 그을 수 있고, 대각선 하나를 2개의 꼭짓점에서 중복으로 그었습니다. 따라서 □각형의 대각선의 개수는 (□−3)×□÷2임을 알 수 있습니다.

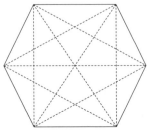

예) 육각형의 대각선의 개수
(6−3)×6÷2=9

예제

어떤 다각형의 한 꼭짓점에서 대각선을 그었을 때 생기는 삼각형이 5개이면, 이 다각형은 총 몇 개의 대각선을 그을 수 있습니까?

분석

1 삼각형의 개수로 잘 파악이 되지 않으면, 사각형부터 직접 대각선을 그어 생기는 삼각형의 개수를 세어 봅니다.

2 한 꼭짓점에서 그을 수 있는 대각선의 개수는 (꼭짓점의 개수)−3입니다.

3 꼭짓점의 개수에서 다각형의 종류를 알아낼 수 있습니다.

4 전체 대각선의 개수를 구하는 공식을 기억합니다.

풀이

한 꼭짓점에서 대각선을 그어 만들 수 있는 삼각형이 5개인 다각형은 칠각형입니다.

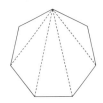

칠각형의 대각선의 총 개수는 (7−3)×7÷2=14(개)입니다.

1 한 점에서 그을 수 있는 대각선의 개수가 7개인 도형이 있습니다. 이 도형에서 그을 수 있는 대각선은 모두 몇 개인지 구하시오.

 2 어떤 정다각형의 대각선의 개수를 세어 보니 65개였습니다. 이 정다각형은 무엇입니까?

알면 알수록 매력 있는
대각선의 세계!

나 | 다각형에서 각도 구하기

내가 풀 수 있을까?

□각형의 한 점에서 그을 수 있는 모든 대각선을 그어서 만들어지는 삼각형의 개수는 (□−2) 개입니다. 삼각형의 내각의 합은 180°이므로, □각형의 내각의 합은 180°×(□−2)입니다.

예제

다음 도형에서 분홍색으로 표시된 각의 크기의 합을 구하시오.

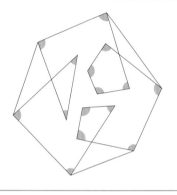

알고 보면 복잡하지 않아!

분석

1 육각형 도형 안에 또 다른 도형이 들어 있습니다.

2 육각형 안에 있는 도형을 삼각형과 사각형으로 나누어 봅니다.

3 삼각형의 내각의 합은 180°, 사각형의 내각의 합은 360°입니다.

4 맞꼭지각의 크기는 같다는 사실을 이용해 봅니다.

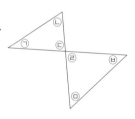

예를 들어 다음 그림에서 ㉠+㉡+㉢=㉣+㉤+㉥=180°인데, ㉢=㉣이므로 ㉠+㉡=㉤+㉥입니다.

풀이

주어진 도형에서 안쪽 다각형들을 삼각형과 사각형으로 나누어 봅니다.

1 초록색 ■와 ●로 표시된 삼각형을 살펴봅니다.

■는 서로 맞꼭지각으로 같으므로, ●+●=★+★입니다.

2 주황색 ■와 ●로 표시된 삼각형을 살펴봅니다.

■는 서로 맞꼭지각으로 같으므로, ●+●=★+★입니다.

3 파란색 ■와 ●로 표시된 삼각형을 살펴봅니다.

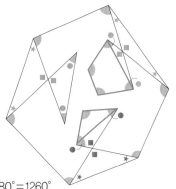

■는 서로 맞꼭지각으로 같으므로,

●＋●＝★＋★입니다.

4 분홍색으로 표시된 각의 크기의 합을 구하려면
큰 육각형의 내각의 합과, 남은 파란색으로
표시된 작은 삼각형과 사각형의 내각의 합을
더하면 됩니다.

(각도의 합)＝180°×(6－2)＋360°＋180°＝720°＋360°＋180°＝1260°

나 1 삼각형의 세 내각의 합이 180° 임을 이용하여,
다음 도형의 내각의 합을 구하시오.

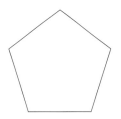

나 2 다음 도형에서 ㉠과 ㉡의 크기의 합을 구하시오.

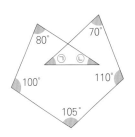

쉽지 않았지?
문제해결력이
필요해!

정다각형의 성질

정다각형의 정은
바를 정(正)이야.

1. 정다각형은 모든 변의 길이가 같습니다.
2. 정□각형의 모든 각의 크기는 같습니다. 따라서 정□각형의 한 내각의 크기는
   $180° \times (□-2) \div □$입니다.

예제

오, 아주
반듯해 보이는걸?

한 변의 길이가 같은 정오각형, 정삼각형, 정사각형을 그림과 같
이 이어 붙였습니다. ㉠과 ㉡의 각도의 합을 구하시오.

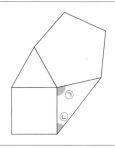

분석

1 정삼각형, 정사각형, 정오각형을 이어 붙였으므로, 세 도형의 모든 변의 길이는 같습니다.

2 이등변삼각형은 두 밑각의 크기가 같습니다.

3 정삼각형, 정사각형, 정오각형의 내각의 합은 각각 180°, 360°, 540°입니다.

풀이

알 수 있는 각부터 적어 봅니다.

정삼각형의 한 내각의 크기는 60°, 정사각형의 한 내각의 크기는
90°, 정오각형의 한 내각의 크기는 108°입니다.

따라서 $60° + 90° + 108° + ㉠ = 360°$

→ ㉠ = 102°입니다.

한편 한 변의 길이가 같은 정삼각형, 정사각형, 정오각형을 이어 붙였으므로,

세 도형의 모든 변의 길이는 서로 같습니다. 따라서 각 ㉠과 각 ㉡을 포함하는 삼각형은

이등변삼각형입니다.

따라서 $㉠ + ㉡ + ㉡ = 180°$

→ $102° + ㉡ + ㉡ = 180°$

→ $㉡ + ㉡ = 78°$이므로 ㉡ = 39°입니다.

따라서 $㉠ + ㉡ = 102° + 39° = 141°$입니다.

1 다음 정팔각형에서 ㉠과 ㉡의 크기를 구하시오.

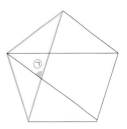 **2** 정오각형에 대해서 다음 물음에 답하시오.

1) 초록색 삼각형의 세 내각의 크기를 각각 구하시오.

2) ㉠의 크기를 구하시오.

각도기를 가지고
직접 재어 봐!

열려라 심화

심화종합

심화종합 **1** 세트

문제가 골고루
섞여 있어!

1 준호, 호열, 범구 세 사람의 키를 재었습니다. 준호와 호열의 키의 합은 $3\frac{1}{6}$m, 준호와 범구의 키의 합은 $3\frac{2}{6}$m, 호열과 범구의 키의 합은 $3\frac{3}{6}$m입니다. 세 사람의 키의 합을 구하시오.

2 그림에서 삼각형 ㄱㄴㄷ은 정삼각형입니다. 또한 선분 ㄷㄴ과 선분 ㄷㄹ의 길이가 같고, 선분 ㅁㄴ과 선분 ㅁㄹ의 길이가 같습니다. 각 ㄹㅁㅅ의 크기는 몇 도입니까? 풀이 과정을 쓰고 답을 구하시오.

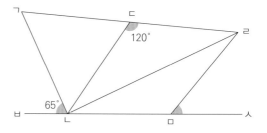

3 합이 12.26이고, 차가 0.4인 두 소수 중에서 큰 수를 구하시오.

4 그림에서 직선 가와 직선 나는 서로 평행합니다. 이때 각 ㄱㄴㄷ의 크기를 구하시오.

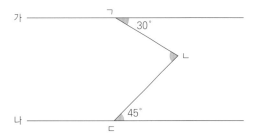

5 수연이는 100개의 마카롱을 8일에 걸쳐서 다 먹었습니다. 다음은 먹고 남은 마카롱의 개수를 하루 간격으로 조사하여 나타낸 꺾은선그래프입니다. 마카롱을 가장 많이 먹었을 때는 며칠과 며칠 사이이고, 몇 개를 먹었습니까?

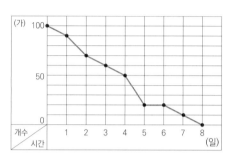

6 다음의 정오각형 ㄱㄴㄷㄹㅁ에서 각 ㄹㅂㅁ의 크기를 구하시오.

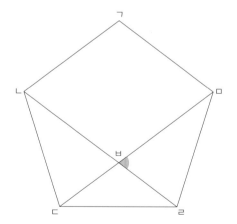

7 직선 가와 변 ㄴㄷ은 서로 평행하고, 직선 나와 변 ㄱㄴ은 서로 평행합니다. ㉠의 각도는 몇 도입니까?

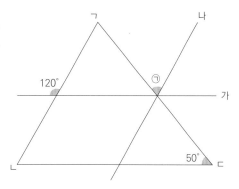

정말 수고했어!

심화종합 **2** 세트

이렇게 보니깐
색다른걸?

1 그림 속 도형에서 표시한 각의 크기의 합을 구하시오.

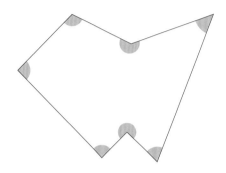

2 어느 음료수 회사의 월별 음료수 판매량을 조사하여 나타낸 꺾은선그래프가
물에 젖어 망가졌습니다. 6월부터 12월까지 판매량의 합계는 9400상자이고,
음료수 한 상자는 30000원입니다. 물에 젖은 그래프에 가려진 9월의 판매량
을 알아내고, 9월과 10월의 음료수 판매량을 계산해 어느 월에 얼마치를 더
팔았는지 구하시오.

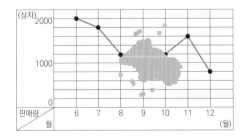

3 그림 속 도형에서 (각 ㄴㄱㅁ) = 90°, (각 ㄷㅁㄴ) = 60°일 때, ㉠, ㉡, ㉢의 각도의 합을 구하시오.

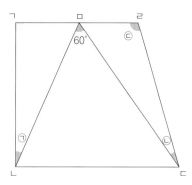

4 길이가 1.85m인 색 테이프 3개를 일정한 길이로 겹쳐서 이어 붙였더니 전체 길이가 3.33m가 되었습니다. 색 테이프를 몇 m씩 겹쳐서 이어 붙였습니까?

심화종합 **2** 세트

5 다음은 반지름의 길이가 같은 반원 2개를 각각의 원의 중심인 점 ㄴ과 점 ㄷ에서 겹쳐지게 그린 것입니다. ㉠과 ㉡의 각도를 구하시오. (단, 선 ㄱㄹ은 곧습니다.)

*반원 : 원을 반으로 나눈 것

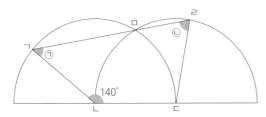

6 하루에 $3\frac{1}{4}$분씩 늦어지는 시계가 있습니다. 이 시계를 어느 달 10일 오후 10시에 정확한 시간으로 맞추어 놓았습니다. 같은 달 15일 오후 10시에 이 시계가 가리키는 시각은 몇 시 몇 분 몇 초인지 구하시오.

7 그림에서 직선 가와 직선 나는 서로 평행합니다. ㉠의 각도를 구하시오.

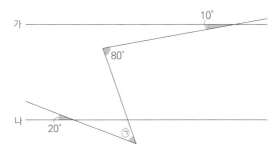

다음 세트로
Go! Go!

잘 모르겠으면, 앞의 단원으로
돌아가서 복습!

1 그림 속 도형에서 사각형 ㄱㄴㄷㄹ은 정사각형이고 삼각형 ㄷㄴㅂ은 변 ㄴ
ㄷ과 변 ㄷㅂ의 길이가 같은 이등변삼각형입니다. 각 ㄱㄴㅂ의 크기가 160°
일 때, ㉠의 각도를 구하시오.

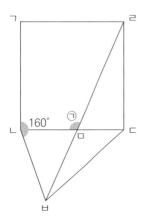

2 길이가 10cm인 양초에 불을 붙인 후 2분이 지난 후에 불을 끄고 남은 양초의
길이를 재어 보니 $7\frac{1}{5}$cm였습니다. 길이가 10cm인 똑같은 양초에 불을 붙인
후 7분이 지난 후에 불을 끈다면 남은 양초의 길이는 몇 cm입니까?

3 정삼각형 ㄱㄴㄷ의 각 변의 한가운데에 점을 찍어 연결하면 그 안에 작은 삼각형이 생깁니다. 이런 방법으로 하나의 정삼각형 안에 정삼각형을 만들어 그림과 같은 모양이 되었습니다. 정삼각형 ㄱㄴㄷ의 둘레의 길이가 48cm일 때, 노란색으로 칠해진 정삼각형들의 둘레의 길이의 합은 몇 cm입니까?

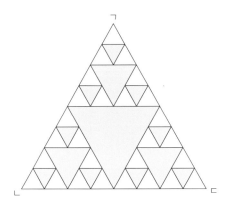

4 똑같은 책 30권이 들어 있는 나무 상자의 무게를 쟀더니 21.18kg이었습니다. 이 상자에서 책 14권을 빼고 다시 무게를 재어 보니 14.18kg이었습니다. 빈 상자의 무게는 몇 kg입니까?

심화종합 **3** 세트

5 다음은 어느 회사에서 7일 동안 판매한 청소기의 수를 누적하여 나타낸 꺾은 선그래프입니다. 청소기를 가장 많이 판매한 요일에 판매한 청소기는 몇 대 인지 구하시오.

(*누적: 겹쳐서 늘어남)

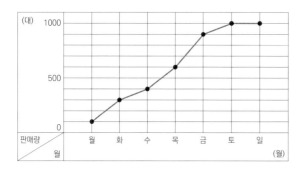

6 다음 그림에서 오각형 ㄱㄴㄷㄹㅁ는 정오각형이고, 사각형 ㅂㄷㄹㅅ은 정사 각형입니다. 각 ㄱㅅㅂ의 크기가 47°일 때, 각 ㅁㄱㅅ의 크기를 구하시오.

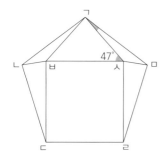

7 준호, 장수, 석봉 세 사람이 어떤 일을 함께 하려고 합니다. 하루에 준호는 일 전체의 $\frac{2}{24}$를, 장수는 $\frac{3}{24}$을, 석봉은 $\frac{1}{24}$을 합니다. 준호, 장수, 석봉이 함께 2일 동안 일을 한 후, 준호는 석봉과 함께 2일 동안 일을 더 했습니다. 나머지는 준호가 혼자서 할 때, 일을 시작한 지 며칠 만에 일을 끝낼 수 있습니까? (단, 쉬는 날 없이 일을 합니다.)

이제 절반
지났어!

심화종합 **4** 세트

오답 노트를
만들어 봐.

1 그림에서 사각형 ㄱㄴㄷㄹ은 정사각형이고, 삼각형 ㄱㄹㅁ은 변 ㄹㄱ과 변 ㄹㅁ의 길이가 같은 이등변삼각형입니다. 각 ㄹㅂㅁ의 크기를 구하시오.

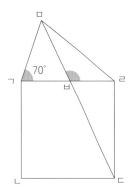

2 사과, 배, 감귤의 무게를 재었습니다. 사과와 배의 무게의 합은 1.62kg, 배와 감귤의 무게의 합은 1.18kg, 사과와 감귤의 무게의 합은 0.86kg입니다. 배의 무게는 감귤의 무게보다 몇 kg 더 무겁습니까?

3 평행한 두 직선 가와 나가 정사각형의 두 꼭짓점과 만납니다. ㉠의 각도를 구하시오.

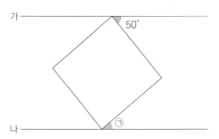

4 A 자동차는 경유 1L로 9km를 달릴 수 있고, B 자동차는 경유 1L로 20km를 달릴 수 있습니다. 다음은 A 자동차와 B 자동차가 달린 거리를 나타낸 꺾은 선그래프입니다. 5시간 후 두 자동차가 사용한 경유는 몇 L만큼 차이 납니까?

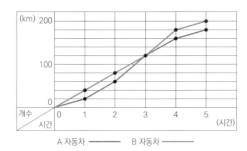

심화종합 **4** 세트

5 그림에서 직선 가는 직선 나와 평행하고, 직선 다는 직선 라와 평행합니다. ㉠의 각도는 몇 도입니까?

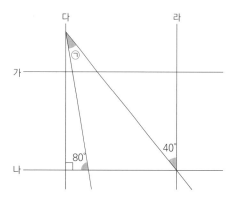

6 지수는 그림과 같이 길이가 1.89m인 끈을 모두 사용하여 친구에게 줄 선물 상자를 묶었습니다. 매듭 1개를 묶는 데 사용한 끈의 길이가 25cm일 때, ㉠의 길이는 몇 cm입니까?

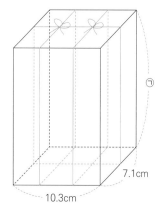

7 다음 식에서 □는 모두 같은 수입니다. □를 구하시오.

$$\frac{1}{\square} + \frac{2}{\square} + \frac{3}{\square} + \cdots + \frac{\square-3}{\square} + \frac{\square-2}{\square} + \frac{\square-1}{\square} = 10$$

고지에 거의
다 왔어!

심화종합 **5** 세트

이제 조금
알 것 같지?

1 사각형 ㄱㄴㄷㄹ은 평행사변형입니다. 변 ㄷㅁ과 변 ㄷㄹ의 길이가 같고, 각 ㄷㅁㅂ의 크기가 각 ㄱㅁㅂ의 크기의 2배일 때, 각 ㄴㅂㅁ의 크기를 구하시오.

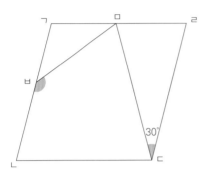

2 다음은 어떤 규칙에 따라 분수를 나열한 것입니다.

$$\frac{1}{4}, \ \frac{2}{4}, \ \frac{4}{4}, \ 1\frac{3}{4}, \ 2\frac{3}{4}, \ \cdots$$

1) 어떤 규칙으로 나열한 것인지 설명하시오.

2) 10번째 분수를 대분수 $㉠\dfrac{㉡}{㉢}$으로 나타낼 때, $㉠+㉡-㉢$의 값을 구하시오.

3 그림에서 선분 ㄱㄴ과 선분 ㄷㄹ은 서로 평행합니다. ㉠은 몇 도인지 구하시오. (단, 점 ㅅ은 선분 ㅂㅇ 위에 있습니다.)

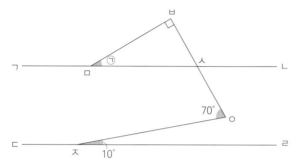

4 일정한 빠르기로 ㉠ 자동차는 20분 동안 34.744km를 달리고, ㉡ 자동차는 15분 동안 16.94km를 달립니다. 거리가 200km만큼 떨어진 두 도시에서 두 자동차가 서로 마주 보며 1시간 동안 달렸을 때, 두 자동차 사이의 거리는 몇 km입니까?

심화종합 5 세트

5 정삼각형 ㄱㄴㄷ안에 정사각형 ㄹㅁㅂㅅ이 들어 있습니다. 여기에 점 ㅇ을 지나는 각 ㅅㅇㅂ의 크기를 구하시오.

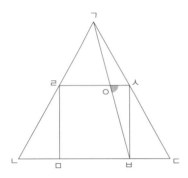

6 사각형 ㄱㄴㄷㄹ은 마름모입니다. 이 마름모를 각 ㄱㄹㅂ과 각 ㅂㄹㅇ의 크기가 같도록 접었을 때, 각 ㄴㅇㅅ의 크기는 몇 도입니까?

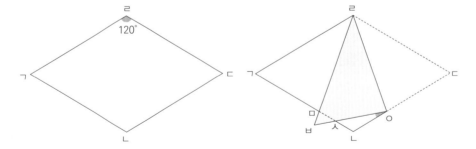

7 정삼각형 ㄱㄴㄷ을 점 ㄷ을 중심으로 하여 시계 방향으로 38° 회전시킨 후, 점 ㄴ과 점 ㄹ을 잇는 선분을 그었습니다. 각 ㄹㅂㄷ의 크기를 구하시오.

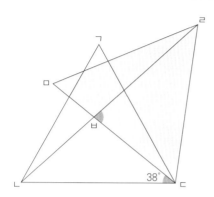

여기까지 온
네가 자랑스러워!

실력 진단 테스트

실력 진단 테스트

정답과 풀이 21쪽

 45분 동안 다음의 15문제를 풀어 보세요.

문제를 풀기 전 미리 준비하세요.
- 각도기를 준비하세요.
- QR코드를 찍고 칠교 파일을 내려받아 프린트하여 잘라서 준비하세요.

1 분모가 같은 두 진분수가 있습니다. 두 진분수의 합은 $1\frac{7}{15}$이고, 차는 $\frac{4}{15}$입니다. 두 진분수를 각각 구하시오.

2 □ 안에 들어갈 수 있는 수는 모두 몇 개입니까?

$$1 < \frac{5}{8} + \frac{\square}{8} < 2$$

3 길이가 25cm인 빨간색 양초와 초록색 양초가 있습니다. 빨간색 양초에 불을 붙이고 20분 후에 길이를 재어 보니 $23\frac{7}{9}$ cm였습니다. 초록색 양초에 불을 붙이고 30분 후에 길이를 재어 보니 $22\frac{8}{9}$ cm였습니다. 1시간 동안 두 양초에 불을 붙여 놓는다면, 어떤 양초가 얼마나 더 많이 남겠습니까?

4 휘준이, 동생, 어머니의 몸무게를 재어 보니 휘준이는 어머니 몸무게의 $\frac{3}{4}$보다 3kg 500g이 더 무겁고, 동생은 어머니 몸무게의 $\frac{2}{4}$보다 4kg 200g이 더 무거웠습니다. 휘준이가 동생보다 12kg 300g 더 무겁다고 할 때, 어머니의 몸무게를 구하시오.

정답과 풀이 21쪽

5 규칙에 따라 분수를 늘어놓았습니다. 5번째 분수와 6번째 분수의 합을 구하시오.

$$\frac{2}{9} , \ \frac{8}{9} , \ 1\frac{5}{9} , \ 2\frac{2}{9} , \ \cdots$$

6 정삼각형은 어느 것입니까?

① 두 각의 크기가 각각 60°와 70°인 삼각형

② 두 변의 길이가 각각 5cm이고 한 각의 크기가 60°인 삼각형

③ 세 변의 길이가 각각 6cm, 6cm, 7cm인 삼각형

④ 두 변의 길이가 각각 5cm, 6cm이고, 한 각의 크기가 60°인 삼각형

7 사각형 ㄱㄴㄷㄹ은 직사각형이고, 선분 ㄴㅁ의 길이와 선분 ㄷㅁ의 길이는
같습니다. 각 ㅁㄴㄱ의 크기를 구하시오.

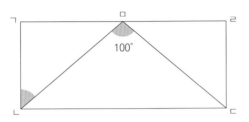

8 두 원이 서로의 중심을 지나도록 겹치게 그리고, 원과 원이 만나는 점에서
각 원의 중심에 선을 그었습니다. 각 ㄱㄷㄹ의 크기를 구하시오.

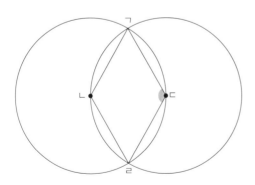

9 다음 정삼각형과 직사각형의 둘레의 길이는 서로 같습니다. 정삼각형의 한 변의 길이를 구하시오.

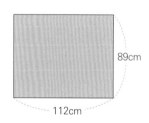

89cm

112cm

10 다음 도형에서 선분을 따라 그릴 수 있는 크고 작은 예각삼각형과 둔각삼각형은 각각 몇 개입니까? (각도기를 준비합니다.)

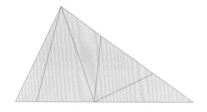

11 정오각형 ㄱㄴㄷㄹㅁ에서 각 꼭짓점마다 대각선을 그었습니다. ㉮와 ㉯의 크기를 구하시오.

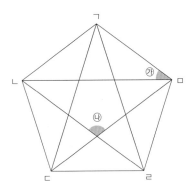

12 6.4L들이 물통에는 3.65L의 물이 들어 있고, 9.2L들이 물통에는 7482mL의 물이 들어 있습니다. 두 물통에 물을 가득 담으려면 몇 L의 물이 더 필요한지 구하시오.

13 2L들이 간장통 ㉮와 ㉯가 있습니다. ㉮에는 1L의 간장이 들어 있습니다. ㉮에 들어 있는 간장의 $\frac{1}{2}$을 ㉯에 부은 후, 다시 ㉯에 들어 있는 간장 중 0.3L를 ㉮에 부었더니 두 통에 있는 간장의 양이 같아졌습니다. ㉯에 처음 들어 있던 간장은 몇 L입니까? (소수로 쓰시오.)

14 □ 안에 알맞은 값을 쓰시오. (단, 사각형 ㄱㄴㄷㄹ은 정사각형입니다.)

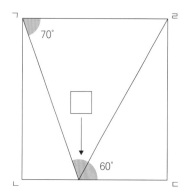

15 다음의 칠교판으로 평행사변형을 만들려 합니다. 필요한 조각으로 잘못 짝
지은 것을 고르시오.

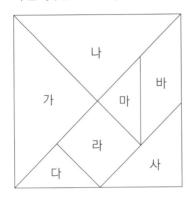

① 다, 바, 마   ② 다, 라, 마   ③ 마, 사, 다   ④ 가, 나   ⑤ 나, 라, 마, 바

실력 진단 결과

· 정답과 풀이 24쪽 참고

채점을 한 후, 다음과 같이 점수를 계산합니다.

(내 점수)=(맞은 개수)×6+10(점)

내 점수: _____ 점

점수에 따라 무엇을 하면 좋을까요?

90점~100점: 틀린 문제만 오답하세요.

80점~90점: 틀린 문제를 오답하고, 여기에 해당하는 개념을 찾아 복습하세요.

70점~80점: 이 책을 한 번 더 풀어 보세요.

60점~70점: 개념부터 차근차근 다시 공부하세요.

50점~60점: 개념부터 차근차근 공부하고, 재밌는 책을 읽는 시간을 많이 가져 보세요.

지은이 **류승재**

고려대학교 수학과를 졸업했습니다. 25년째 수학을 가르치고 있습니다. 최상위권부터 최하위권까지, 재수생부터 초등부까지 다양한 성적과 연령대의 아이들에게 수학을 가르쳤습니다. 교과 수학뿐만 아니라 사고력 수학 · 경시 수학 · SAT · AP · 수리논술까지 다양한 분야의 수학을 다루었습니다.

수학 공부의 바이블로 인정받는《수학 잘하는 아이는 이렇게 공부합니다》를 썼고, 더 체계적이고 구체적인 초등 수학 공부법을 공유하기 위해《초등수학 심화 공부법》을 썼습니다. 유튜브 채널「공부머리 수학법」과 강연, 칼럼 기고 등 다양한 활동을 통해 수학 잘하기 위한 공부법을 나누고 있습니다.

유튜브「공부머리 수학법」
네이버카페「공부머리 수학법」
책을 읽고 궁금한 내용은 네이버카페에 남겨 주세요.

초등수학 **4-2**

초판 1쇄 발행 2022년 9월 15일
신판 1쇄 발행 2024년 2월 25일

지은이 류승재

펴낸이 金昇芝
편집 김도영 노현주
디자인 별을잡는그물 양미정

펴낸곳 블루무스에듀
전화 070-4062-1908
팩스 02-6280-1908
주소 경기도 파주시 경의로 1114 에펠타워 406호
출판등록 제2022-000085호
이메일 bluemoose_editor@naver.com
인스타그램 @bluemoose_books

ⓒ 류승재 2022

ISBN 979-11-91426-56-4 (63410)

생각의 힘을 기르는 진짜 공부를 추구하는 블루무스에듀는 블루무스 출판사의 어린이 학습 브랜드입니다.

열려라 심화 초등수학

4-2

정답과 풀이

기본 개념 테스트

1단원 분수의 덧셈과 뺄셈
•10쪽~11쪽

채점 전 지도 가이드

1번과 2번 문제는 그림을 그려 풀고, 3번과 4번 문제는 식으로만 풀도록 되어 있습니다. 만약 3번과 4번 문제를 식으로만 푸는 것을 어려워하면, 개념교재와 교과서를 참고하며 그림을 활용해 풀게 합니다. 자연스럽게 풀 수 있을 때까지 연습합니다.

1.

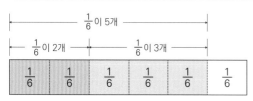

$$\frac{2}{6} + \frac{3}{6} = \frac{5}{6}$$

($\frac{1}{6}$이 2개) + ($\frac{1}{6}$이 3개) = ($\frac{1}{6}$이 5개)

잠깐! 부모 가이드

그림을 어떻게 그려야 할지 헤맨다면 정답과 풀이의 종이 띠 모양으로 그려 보라고 조언할 수 있습니다. 그 외에도 방법이 많습니다. 수직선을 그려 보라고 하는 것도 좋고, 사각형이나 육각형을 그려 보게 하는 것도 방법입니다. 전부 교과서에 나와 있으니 참고하게 합니다.

2.

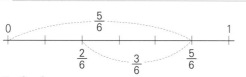

$$\frac{5}{6} - \frac{3}{6} = \frac{2}{6}$$

$\frac{5}{6}$만큼 간 다음 $\frac{3}{6}$만큼 되돌아오면 $\frac{2}{6}$가 됩니다.

잠깐! 부모 가이드

두 개의 종이 띠를 그리고 $\frac{5}{6}$와 $\frac{3}{6}$만큼 칠한 후,
둘의 차이는 $\frac{2}{6}$라고 설명해도 맞습니다.
또한 $\frac{2}{6}$를 약분하지 않습니다.

3.

1) $2\frac{3}{5} + 2\frac{1}{5} = (2+2) + \left(\frac{3}{5} + \frac{1}{5}\right) = 4\frac{4}{5}$

2) $2\frac{3}{5} + 2\frac{1}{5} = \frac{13}{5} + \frac{11}{5} = \frac{24}{5} = 4\frac{4}{5}$

잠깐! 부모 가이드

가분수로 고쳐서 계산 시, 답을 대분수로 변환하지 않아도 정답으로 칩니다.

4.

1) $3\frac{4}{5} - 2\frac{3}{5} = (3-2) + \left(\frac{4}{5} - \frac{3}{5}\right) = 1 + \frac{1}{5} = 1\frac{1}{5}$

2) $3\frac{4}{5} - 2\frac{3}{5} = \frac{19}{5} - \frac{13}{5} = \frac{6}{5} = 1\frac{1}{5}$

2단원 삼각형
•18쪽~19쪽

채점 전 지도 가이드

개념만 알면 쉽게 넘어갈 수 있습니다. 다만 정확히 알아야 합니다. 다시 말해 각 삼각형의 정의와 성질이 완벽하게 머릿속에 들어 있어야 합니다. 특히 예각삼각형, 둔각삼각형, 직각삼각형의 경우 세 각의 크기의 정의를 종종 헷갈리니 정확하게 외우도록 합니다.

1.

두 변의 길이가 같은 삼각형을 이등변삼각형이라고 합니다.
이등변삼각형은 두 변의 길이가 같고 두 밑각의 크기가 같습니다.

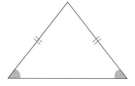

2.

세 변의 길이가 같은 삼각형을 정삼각형이라고 합니다.
정삼각형은 세 변의 길이가 같고 세 각의 크기가 같습니다.

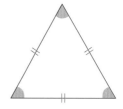

3. _____

세 각이 모두 예각인 삼각형을 예각삼각형이라고 합니다.

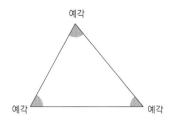

4. _____

한 각이 직각인 삼각형을 직각삼각형이라고 합니다.
직각삼각형은 한 각이 직각이고 다른 두 각은 예각입니다.

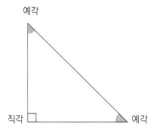

5. _____

한 각이 둔각인 삼각형을 둔각삼각형이라고 합니다.
둔각삼각형은 한 각이 둔각이고 다른 두 각은 예각입니다.

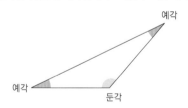

6. _____

1) 아니오 / 두 변의 길이는 같지만 나머지 한 변의 길이는 다른 두 변과 같지 않을 수도 있기 때문입니다.
2) 예 / 세 변의 길이와 세 각의 크기가 같으므로, 두 변의 길이와 두 각의 크기가 같습니다. 정삼각형은 이등변삼각형이기도 합니다.
3) 아니오 / 예각삼각형은 세 각이 모두 예각이며 직각은 없습니다. 따라서 예각삼각형은 직각삼각형이 아닙니다.
4) 아니오 / 둔각삼각형은 한 각이 둔각입니다. 그런데 직각삼각형은 한 각이 직각이고 다른 두 각은 예각입니다.

3단원 **소수의 덧셈과 뺄셈** · 26쪽~27쪽

채점 전 지도 가이드
기본적으로 자연수의 덧셈과 뺄셈의 원리와 비슷하기에 쉽게 넘어갈 수 있습니다. 다만 자리 수를 헷갈리는 경우가 있으니 그 부분만 주의하면 됩니다. 소수점을 기준으로 오른쪽으로 갈수록 작아진다는 원리만 제대로 알면 쉽습니다.

1. _____

1. 자연수 부분을 비교하여 큰 쪽이 더 큰 수입니다.
예를 들어 4.59는 7.41보다 작습니다.
2. 자연수 부분이 같으면 소수 첫째 자리부터 차례로 같은 자리의 숫자끼리 비교합니다.
예를 들어 5.129는 5.124보다 크고, 5.219는 5.129보다 큽니다.

잠깐! 부모 가이드
자연수의 크기를 비교하는 과정은 생략해도 맞는 것으로 합니다.

2. _____

1.573의 10배는 15.73입니다.
1.573의 $\frac{1}{10}$배는 0.1573입니다.
15.73은 0.1573의 100배입니다.

3. _____

자연수와 같은 방법으로 계산한 후 소수점을 맞추어 찍습니다.

$$\begin{array}{r} 5.4 \\ +2.9 \\ \hline 8.3 \end{array}$$

4. _____

자연수와 같은 방법으로 계산 후 소수점을 맞추어 찍습니다.

$$\begin{array}{r} 0.42 \\ -0.27 \\ \hline 0.15 \end{array}$$

4단원 사각형

· 32쪽~33쪽

채점 전 지도 가이드

2단원과 마찬가지로 정확히 개념을 알면 쉽게 넘어갈 수 있습니다. 다만 배우는 개념의 수가 워낙 많은 만큼 자꾸 헷갈릴 수 있습니다. 도형의 개념은 증명의 대상이 아니라 약속입니다. 단순히 '평행사변형은 두 변이 평행한 사각형이다'라고 하기보다, '마주 보는 두 쌍의 변이 평행한 사각형을 수학자들은 평행사변형이라고 부르기로 했다'라는 사실을 알려 주며 암기하게 지도하면 아이는 훨씬 수월하게 암기합니다.

1.

두 직선이 만나서 이루는 각이 직각일 때, 두 직선은 서로 수직이라고 합니다.

2.

두 직선이 서로 수직으로 만날 때, 한 직선을 다른 직선에 대한 수선이라고 합니다.

3.

한 직선에 수직인 두 직선을 그으면, 두 직선은 서로 만나지 않습니다. 이처럼 서로 만나지 않는 두 직선을 평행하다고 합니다. 평행한 두 직선을 평행선이라고 합니다.

4.

사다리꼴: 평행한 변이 한 쌍이라도 있는 사각형입니다.
평행사변형: 마주 보는 두 쌍의 변이 서로 평행한 사각형입니다.
마름모: 네 변의 길이가 모두 같은 사각형입니다.

5.

1) 마름모, 정사각형
2) 평행사변형, 마름모, 직사각형, 정사각형
3) 직사각형, 정사각형
4) 직사각형, 정사각형

5단원 꺾은선그래프

· 36쪽~37쪽

채점 전 지도 가이드

특별한 어려움은 없는 단원입니다. 꺾은선그래프의 장단점, 그리고 쓰임새를 확실히 파악하면 됩니다.

1.

수량을 점으로 표시하고, 그 점들을 선분으로 이어 그린 그래프를 꺾은선그래프라고 합니다.

2.

꺾은선그래프는 시간의 흐름에 따라 변화하는 정도를 알아보기 쉽습니다. 예를 들어 나이에 따라 변화하는 키, 월별 기온, 학년별 성적 등을 나타내면 좋습니다.

3.

꺾은선그래프의 모양에 따라 앞으로 어떻게 될지를 예상할 수 있습니다. 또한 서로 다른 두 자료를 하나의 그래프에 꺾은선그래프로 나타내면 둘을 쉽게 비교할 수 있습니다. 즉 여러 자료를 비교하는 데 효과적입니다.

6단원 다각형

· 40쪽~41쪽

채점 전 지도 가이드

지금까지 공부한 도형들의 일반적인 성질들을 통틀어 배우는 단원입니다. 기본 개념 테스트를 잘 풀지 못한다고 하여 앞의 도형 관련 단원들을 다시 볼 필요는 없으며, 틀린 문제 위주로 개념 이해 후 암기에 집중합니다.

1.

선분으로만 둘러싸인 도형을 다각형이라고 합니다.

2.

공통점: 선분으로만 둘러싸인 도형입니다.
차이점: 다각형은 변의 길이와 각의 크기가 다를 수 있지만, 정다각형은 변의 길이와 각의 크기가 모두 같습니다.
따라서 정다각형은 다각형이기도 합니다. 그러나 다각형이 곧 정다각형은 아닙니다.

3. _____

한 꼭짓점에서 이웃하지 않은 꼭짓점으로 그은 선분을 대각선이라 고 합니다.

4. _____

대각선은 한 꼭짓점에서 이웃하지 않은 꼭짓점으로 긋는 선입니다. 따라서 자기 자신, 이웃한 두 개의 꼭짓점으로는 대각선을 긋지 못 합니다.

다각형	△	◇	⬠	⬡
대각선의 수(개)	0	2	5	9

단원별 심화

1단원 분수의 덧셈과 뺄셈
• 12쪽~17쪽

가1. $4\frac{3}{4}$ **가2.** ㉮ $= \frac{12}{3}$, ㉯ $= \frac{7}{3}$, ㉰ $= \frac{1}{3}$

나1. 41cm   **나2.** 2cm   **다1.** 낮 12시 8분 20초

다2. 오후 5시 55분 40초

가1. _____   단계별 힌트

1단계	예제 풀이를 복습합니다.
2단계	"문제에서는 △의 값을 묻잖아. 그 값을 구하는 식은 어떻게 만들까?"
3단계	"△가 둘 다 있는 식을 활용해 볼까?"

1. 등식의 성질을 이용해 △가 들어 있는 식을 정리합니다.

$(\square + \triangle) + (\triangle + \bigcirc) = 8\frac{3}{4} + 7\frac{1}{4} = 15\frac{4}{4} = 16$

→ $(\square + \bigcirc) + \triangle + \triangle = 16$

2. $\square + \bigcirc = 6\frac{2}{4}$ 임을 이용합니다.

$(\square + \bigcirc) + \triangle + \triangle = 16$

→ $6\frac{2}{4} + \triangle + \triangle = 16$

→ $6\frac{2}{4} + \triangle + \triangle - 6\frac{2}{4} = 16 - 6\frac{2}{4}$

→ $\triangle + \triangle = 16 - 6\frac{2}{4} = \frac{64}{4} - \frac{26}{4} = \frac{38}{4} = \frac{19}{4} + \frac{19}{4}$

따라서 $\triangle = \frac{19}{4} = 4\frac{3}{4}$

가2. _____   단계별 힌트

1단계	예제 풀이를 복습합니다.
2단계	"문제에서는 ㉮, ㉯, ㉰를 다 묻고 있잖아. 그래도 한꺼번에 구하려고 하지 말고 하나하나 구해 볼까?"
3단계	"주어진 식들을 이용하여 문자 하나만 남게 만드는 방법이 뭘까?"

식을 ㉰를 기준으로 정리해 봅니다.

1. ㉮ $= ㉯ + \frac{5}{3}$, ㉯ $= ㉰ + 2$입니다.

따라서 ㉮ $= ㉰ + 2 + \frac{5}{3} = ㉰ + \frac{11}{3}$

→ ㉮ $= ㉰ + \frac{11}{3}$ 입니다.

2. ㉮ $= ㉰ + \frac{11}{3}$, ㉯ $= ㉰ + 2$이므로 이를 ㉮ $+ ㉯ + ㉰ = \frac{20}{3}$ 에 적용해 봅니다.

→ ㉮ $+ ㉯ + ㉰ = (㉰ + \frac{11}{3}) + (㉰ + \frac{6}{3}) + ㉰ = \frac{20}{3}$

→ ㉰ $+ ㉰ + ㉰ + \frac{17}{3} = \frac{20}{3}$

→ ㉰ $+ ㉰ + ㉰ + \frac{17}{3} = \frac{3}{3} + \frac{17}{3}$

→ ㉰ $+ ㉰ + ㉰ = \frac{3}{3}$

따라서 ㉰ $= \frac{1}{3}$ 이고, ㉰를 이용해 ㉮와 ㉯의 값도 구할 수 있습니다.

㉮ $= ㉰ + \frac{11}{3} = \frac{12}{3}$, ㉯ $= ㉰ + 2 = \frac{7}{3}$

나1. _____   단계별 힌트

1단계	예제 풀이를 복습합니다.
2단계	(겹치는 부분의 개수) = (전체 종이 띠의 개수) - 1
3단계	"전체 길이를 구하려면 식을 어떻게 세워야 할까?"

종이 띠 5장을 이어 붙이면 4장이 겹칩니다. 따라서 종이 띠 전체의 길이는 종이 띠 5장의 길이에서 겹치는 부분의 길이를 뺀 것과 같습니다. 겹치는 부분의 한 길이는 $2\frac{1}{4}$ cm이므로 겹치는 부분의 전체 길이는

$2\frac{1}{4} + 2\frac{1}{4} + 2\frac{1}{4} + 2\frac{1}{4} = 8\frac{4}{4} = 9$(cm)

(종이 띠 전체의 길이) $= 10 \times 5 - 9 = 50 - 9 = 41$(cm)

나2. _____   단계별 힌트

1단계	예제 풀이를 복습합니다.
2단계	(겹치는 부분의 개수) = (전체 종이 띠의 개수) - 1
3단계	"전체 종이 띠의 길이를 가지고 식을 어떻게 세워야 종이 띠 1장의 길이를 구할 수 있을까?"

(겹치는 부분의 개수)=(전체 종이 띠의 개수)−1이므로 겹치는 부분의 개수는 3개입니다.

겹치는 부분의 전체 길이는 $\frac{2}{3}+\frac{2}{3}+\frac{2}{3}=\frac{6}{3}=2$(cm)입니다.

종이 띠 전체의 길이는 종이 띠 4장의 길이에서 겹치는 부분의 길이를 뺀 것과 같으므로, 다음과 같이 식을 세울 수 있습니다.

(종이 띠 4장의 길이)−(겹치는 부분의 전체 길이)=(종이 띠 전체의 길이)

구하고자 하는 것은 종이 띠 1장의 길이이므로 이를 □로 놓고 식을 다시 적습니다.

→ 4×□−2=6

□=2(cm)입니다.

다1. _____ 단계별 힌트

1단계	예제 풀이를 복습합니다.
2단계	"하루에 $\frac{4}{3}$분씩 빨라지면, 6시간 동안은 얼마나 빨라질까? 어떻게 계산하지?"
3단계	"1일 오전 6시부터 7일 낮 12시까지 시간이 얼마나 흐르지?"

1. 24시간 동안 빨라진 시간을 이용하여 6시간 동안 빨라진 시간을 구합니다.

하루(24시간)에 $1\frac{1}{3}$, 즉 $\frac{4}{3}$분씩 빨라집니다.

$\frac{4}{3}=\frac{1}{3}+\frac{1}{3}+\frac{1}{3}+\frac{1}{3}$이므로, 6시간 동안 $\frac{1}{3}$분이 빨라집니다.

2. 1일 오전 6시부터 7일 낮 12시까지 흐른 시간은 6일 6시간입니다.

(6일 동안 빨라진 시간)=$\frac{4}{3}+\frac{4}{3}+\frac{4}{3}+\frac{4}{3}+\frac{4}{3}+\frac{4}{3}=\frac{24}{3}=8$(분)

(6시간 동안 빨라진 시간)=$\frac{1}{3}$(분)

따라서 (총 빨라진 시간)=$8+\frac{1}{3}=8\frac{1}{3}$(분)

$\frac{1}{3}$분은 20초이므로, $8\frac{1}{3}$분은 8분 20초입니다.

즉 낮 12시보다 8분 20초가 빠르게 가므로, 시계가 가리키는 시각은 낮 12시 8분 20초입니다.

다2. _____ 단계별 힌트

1단계	예제 풀이를 복습합니다.
2단계	"하루에 $\frac{2}{3}$분씩 느려지면 12시간 동안은 얼마나 느려질까? 어떻게 계산하지?"
3단계	"1일 오전 6시부터 7일 오후 6시까지 시간이 얼마나 흐르지?"

1. 24시간 동안 느려진 시간을 이용하여 12시간 동안 느려진 시간을 구합니다.

하루(24시간)에 $\frac{2}{3}$분씩 느려집니다. $\frac{2}{3}=\frac{1}{3}+\frac{1}{3}$이므로,

12시간 동안 $\frac{1}{3}$분이 느려집니다.

2. 1일 오전 6시부터 7일 오후 6시까지, 6일 12시간이 흐릅니다.

(6일 동안 느려진 시간)=$\frac{2}{3}+\frac{2}{3}+\frac{2}{3}+\frac{2}{3}+\frac{2}{3}+\frac{2}{3}=\frac{12}{3}$=4(분)

(12시간 동안 느려진 시간)=$\frac{1}{3}$(분)

따라서 (총 느려진 시간)=$4+\frac{1}{3}=4\frac{1}{3}$(분)

$\frac{1}{3}$분은 20초이므로, $4\frac{1}{3}$분은 4분 20초입니다.

즉 오후 6시보다 4분 20초가 느리게 가므로, 시계가 가리키는 시각은 오후 5시 55분 40초입니다.

2단원 삼각형 ·20쪽~25쪽

가1. 80°	가2. 75°	나1. 30°
나2. 30°	다1. 4cm	다2. 100°

가1. _____ 단계별 힌트

1단계	예제 풀이를 복습합니다.
2단계	도형 안에서 이등변삼각형을 찾아봅니다.
3단계	이등변삼각형의 성질을 다시 떠올려 봅니다. 이등변삼각형은 두 변의 길이와 밑각의 크기가 같습니다.

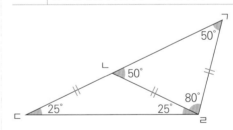

1. 이등변삼각형의 성질을 이용해 각 ㄴㄷㄹ의 크기를 구합니다.
삼각형 ㄴㄷㄹ이 이등변삼각형이므로 각 ㄴㄹㄷ도 25°입니다.

2. 각 ㄷㄴㄹ의 크기는 180°−25°−25°=130°이므로
각 ㄱㄴㄹ의 크기는 180°−130°=50°입니다.
(각 ㄱㄴㄹ)=(각 ㄴㄷㄹ)+(각 ㄴㄹㄷ)=50°

3. 이등변삼각형의 성질을 이용해 각 ㄴㄱㄹ의 크기를 구합니다.
삼각형 ㄱㄴㄹ은 이등변삼각형이므로 각 ㄴㄱㄹ은 50°입니다.
따라서 (각 ㄱㄹㄴ)=180°−50°−50°=80°

가2. _____ 단계별 힌트

1단계	예제 풀이를 복습합니다.
2단계	도형 안에서 이등변삼각형을 찾아봅니다.

3단계	이등변삼각형의 성질을 다시 떠올려 봅니다. 이등변삼각형은 두 변의 길이와 밑각의 크기가 같습니다.

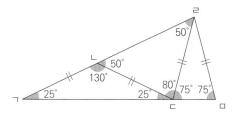

1. 이등변삼각형의 성질을 이용해 각 ㄱㄴㄷ의 크기를 구합니다.
삼각형 ㄱㄴㄷ이 이등변삼각형이므로
(각 ㄴㄷㄱ)=(각 ㄴㄱㄷ)=25°
따라서 (각 ㄱㄴㄷ)=180°-25°-25°=130°
2. 평각은 180°이므로 (각 ㄹㄴㄷ)=180°-130°=50°입니다.
삼각형 ㄴㄷㄹ은 이등변삼각형이므로
(각 ㄴㄷㄹ)=(각 ㄹㄴㄷ)=50°
따라서 (각 ㄹㄷㄴ)=180°-50°-50°=80°
3. 평각은 180°이므로 (각 ㄹㄷㅁ)=180°-80°-25°=75°
삼각형 ㄹㄷㅁ은 이등변삼각형이므로
(각 ㄹㅁㄷ)=(각 ㄹㄷㅁ)=75°

나1.
단계별 힌트

1단계	예제 풀이를 복습합니다.
2단계	원의 반지름은 모두 길이가 같음을 이용하여 정삼각형을 찾아봅니다.
3단계	원의 반지름은 모두 길이가 같음을 이용하여 이등변삼각형을 찾아봅니다.

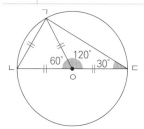

변 ㄱㄴ과 변 ㄴㅇ의 길이가 같고, 변 ㄴㅇ과 변 ㄱㅇ은 모두 원의 반지름으로 길이가 같습니다.
따라서 삼각형 ㄱㅇㄴ은 정삼각형입니다.
정삼각형의 한 각은 60°이므로 각 ㄱㅇㄴ은 60°입니다.
따라서 (각 ㄱㅇㄷ)=180°-60°=120°
한편 변 ㄷㅇ과 변 ㄱㅇ은 모두 원의 반지름으로 길이가 같습니다.
따라서 삼각형 ㄱㅇㄷ은 이등변삼각형입니다.
따라서 (각 ㅇㄷㄱ)=(180°-120°)÷2=30°

나2.
단계별 힌트

1단계	예제 풀이를 복습합니다.
2단계	"이 도형 안에 정삼각형이 아닌 이등변삼각형들이 있어. 어디에 있을까? 길이가 같은 변을 표시해서 찾아봐."
3단계	"한 각이 직각인 이등변삼각형의 두 밑각의 크기는 얼마야?"

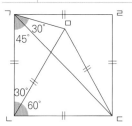

각 ㅁㄱㄷ을 구하려면, 각 ㄴㄱㅁ에서 각 ㄴㄱㄷ을 빼면 됩니다.
1. 각 ㄴㄱㅁ 구하기
삼각형 ㅁㄴㄷ은 정삼각형이므로 각 ㅁㄴㄷ은 60입니다.
(각 ㄱㄴㅁ)=90°-60°=30°
선분 ㄱㄴ과 선분 ㅁㄴ의 길이는 같으므로 삼각형 ㄱㄴㅁ은 이등변삼각형입니다.
따라서 (각 ㄴㄱㅁ)=(180°-30°)÷2=75°
2. 각 ㅁㄱㄷ 구하기
삼각형 ㄱㄴㄷ은 한 각이 직각인 이등변삼각형이므로 각 ㄴㄱㄷ의 크기는 (180°-90°)÷2=45°입니다.
따라서 (각 ㅁㄱㄷ)=75°-45°=30°

다1.
단계별 힌트

1단계	예제 풀이를 복습합니다.
2단계	크기를 구할 수 있는 각부터 구해 봅니다.
3단계	사각형의 내각의 합은 360°입니다.

1. 각 ㄴㅈㅇ을 구해 봅니다.
각 ㅁㅈㄷ와 각 ㅁㅈㅇ는 서로 같은 각입니다.
즉 (각 ㅁㅈㄷ)=(각 ㅁㅈㅇ)=60°입니다.
→ (각 ㄴㅈㅇ)=180°-60°-60°=60° (평각은 180도이므로)
2. 사각형의 성질을 이용해 각 ㄱㅇㅈ의 크기를 구해 봅니다.
사각형 ㄱㄴㄷㄹ은 직사각형이므로, 각 ㄴㄱㄹ과 각 ㄱㄴㄷ은 모두 90°입니다.
그런데 각 ㄴㅈㅇ이 60°이므로 사각형 ㄱㄴㅈㅇ에서
(각 ㄱㅇㅈ)=360°-60°-90°-90°=120°
따라서 각 ㅁㅇㅈ=180°-120°=60°입니다.
따라서 삼각형 ㅁㅇㅈ은 세 각이 모두 60°이므로 정삼각형입니다.
그런데 정삼각형은 세 변의 길이가 같으므로, 선분 ㅇㅁ의 길이는 선분 ㅁㅈ과 같은 4cm입니다.

다2.

단계별 힌트	
1단계	예제 풀이를 복습합니다.
2단계	도형 속 이등변삼각형을 찾아봅니다.
3단계	접은 부분과 접힌 부분의 각도가 같습니다.

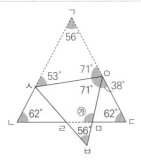

1. 이등변삼각형의 성질을 이용해 각 ㅇㄷㅁ, 각 ㅅㄱㅇ, 각 ㄱㅇ ㅅ을 구할 수 있습니다.

삼각형 ㄱㄴㄷ은 이등변삼각형입니다. 이등변삼각형은 두 밑각의 크기가 같으므로 각 ㅇㄷㅁ과 각 ㄱㄴㄷ은 62°로 크기가 같습니다.

따라서 (각 ㄴㄱㄷ)=180°-62°-62°=56°입니다.

또한 (각 ㄱㅇㅅ)=180°-53°-56°=71°입니다.

2. 접힌 도형의 성질을 이용합니다.

삼각형 ㅂㅇㅅ은 삼각형 ㄱㅇㅅ에서 접은 부분이므로 각 ㄱㅇㅅ과 각 ㅅㅇㅁ은 71°로 크기가 같습니다.

한편 각 ㄱㅇㅅ과 각 ㅅㅇㅁ은 각 ㅁㅇㄷ과 평각을 이룹니다.

따라서 (각 ㅁㅇㄷ)=180°-71°-71°=38°

3. 삼각형의 외각의 성질을 이용해 ㉮를 구합니다.

삼각형 ㅁㅇㄷ에서 ㉮=(각 ㅁㅇㄷ)+(각 ㅇㄷㅁ)=38°+62°
=100°

3단원 소수의 덧셈과 뺄셈　　·28쪽~31쪽

가1. 10.5, 9.9　**가2.** 2.73, 1.51　**나1.** 7.96kg
나2. 3.7kg

가1.

단계별 힌트	
1단계	예제 풀이를 복습합니다.
2단계	우선 합을 반씩 갖고 차이를 만들어 봅니다.
3단계	"복잡한 것 같으면, 표를 만들어 볼래?"

큰 수	작은 수	분배
10.2	10.2	20.4를 절반씩 갖습니다.
10.2 + 0.3	10.2 - 0.3	0.6만큼의 차이를 만들기 위해, 한쪽이 다른 쪽에 0.3을 줍니다.
10.5	9.9	차가 0.6인 두 수

가2.

1단계	예제 풀이를 복습합니다.
2단계	우선 합을 반씩 갖고 차이를 만들어 봅니다.
3단계	"복잡한 것 같으면, 표를 만들어 볼래?"

큰 수	작은 수	분배
2.12	2.12	4.24를 똑같이 나누어 봅니다.
2.12 + 1.11	2.12 - 1.11	2.22만큼의 차이를 만들기 위해, 한쪽이 다른 쪽에 1.11을 줍니다.
3.23	1.01	차가 2.22인 두 수

나1.

단계별 힌트	
1단계	예제 풀이를 복습합니다.
2단계	책 7권의 무게부터 구해 봅니다.
3단계	책 7권의 무게는 전체 무거워진 무게와 같습니다.

책 27권이 들어 있는 상자의 무게에서 책 20권이 들어 있는 상자의 무게를 빼면, 책 7권의 무게를 구할 수 있습니다.

→ (책 7권의 무게)=22.54-18.76=3.78(kg)=3780(g)
→ (책 1권의 무게)=3780÷7=540(g)
→ (책 20권의 무게)=540×20=10800(g)=10.8(kg)
→ (빈 상자의 무게)=18.76-10.8=7.96(kg)

나2.

단계별 힌트	
1단계	예제 풀이를 복습합니다.
2단계	책 5권의 무게부터 구해 봅니다.
3단계	책 5권의 무게는 전체 가벼워진 무게와 같습니다.

책 20권이 들어 있는 상자의 무게에서 책 15권이 들어 있는 상자의 무게를 빼면, 책 5권의 무게를 구할 수 있습니다.

→ (책 5권의 무게)=24.5-19.3=5.2(kg)=5200(g)
→ (책 1권의 무게)=5200÷5=1040(g)
→ (책 20권의 무게)=1040×20=20800(g)=20.8(kg)
→ (빈 상자의 무게)=24.5-20.8=3.7(kg)

4단원 **사각형**

·34쪽~35쪽

가1. 110°   **가2.** ㉠ = 45°, ㉡ = 30°

가1. _____ 단계별 힌트

1단계	예제 풀이를 복습합니다.
2단계	동위각과 엇각이 어떤 것들인지 표시해 봅니다.
3단계	동위각의 크기는 서로 같고, 엇각의 크기는 서로 같습니다.

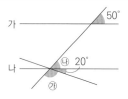

1. 50°의 동위각을 ㉯로 표시합니다. 동위각의 크기가 같으므로 ㉯는 50°입니다.
2. 평각은 180°이므로, ㉮의 크기는 다음과 같습니다.
㉮ = 180° - 20° - ㉯ = 180° - 20° - 50° = 110°

다른 풀이

직선 가에서 직선 나로 수선을 그어 직각삼각형을 만들고, 모르는 각도를 ▲와 ★ 등으로 표시해 풉니다.

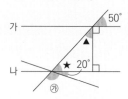

▲ = 180° - 90° - 50° = 40°
★ = 180° - ▲ - 90° = 180° - 40° - 90° = 50°
㉮ = 180° - 20° - ★ = 180° - 20° - 50° = 110°

가2. _____ 단계별 힌트

1단계	예제 풀이를 복습합니다.
2단계	직각사각형에서 마주 보는 두 변은 평행합니다.
3단계	동위각과 엇각이 어떤 것들인지 표시해 봅니다.

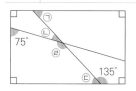

1. 엇각의 성질을 이용하여 ㉠을 구합니다.
㉠의 엇각을 ㉢으로 표시합니다.
㉢ = 180° - 135° = 45°
㉠과 ㉢은 엇각이고 엇각은 크기가 같습니다.
따라서 ㉠ = ㉢ = 45°
2. 사각형의 내각의 합을 이용하여 ㉡을 구합니다.
㉡과 함께 평각을 이루는 각을 ㉣이라고 표시합니다.
㉣ = 360° - 75° - 90° - ㉢
그런데 ㉢ = 45°이므로
㉣ = 360° - 75° - 90° - 45° = 150°
따라서 ㉡ = 180° - ㉣ = 180° - 150° = 30°

5단원 **꺾은선그래프**

·38쪽~39쪽

가1. 1) 3   2) 10   **가2.** 36

가1. _____ 단계별 힌트

1단계	예제 풀이를 복습합니다.
2단계	"영어 성적보다 수학 성적이 더 높다는 걸 이중꺾은선그래프에서 어떻게 알아볼 수 있어?"
3단계	"성적 차이는 이중꺾은선그래프에서 어떻게 알아볼 수 있어?"

1) 영어 성적보다 수학 성적이 더 높은 경우란 수학 그래프가 영어 그래프보다 높은 경우를 의미합니다. 다혜는 1회, 3회, 5회에서 수학 성적이 영어보다 높습니다. □ 안에 들어갈 수는 3입니다.

2) 영어 성적과 수학 성적의 차이가 가장 많이 나는 경우는, 영어 성적과 수학 성적의 그래프 높이가 가장 많이 나는 경우를 의미합니다. 다혜는 2회에서 가장 많은 성적 차이를 보입니다. 이때 점수는 영어 86점, 수학 76점입니다.
따라서 점수의 차이는 10점입니다.
□ 안에 들어갈 수는 10입니다.

가2. _____ 단계별 힌트

1단계	예제 풀이를 복습합니다.
2단계	"가로와 세로가 각각 나타내는 게 뭐야?"
3단계	"가로 1칸이 의미하는 건 뭐고, 세로 1칸이 의미하는 건 뭐야?"

1) 두 그래프의 차이가 가장 큰 지점은 9세입니다. 이때 몸무게의 차이는 그래프 세로줄에서 찾습니다. 29 - 25 = 4(kg)
2) 동석이 그래프가 명기 그래프 위로 올라오는 때는 11세에서 12

세 사이입니다.

답은 9+4+11+12=36입니다.

6단원 **다각형**

•42쪽~47쪽

가1. 35개	가2. 정십삼각형
나1. 540°	나2. 75°	다1. ㉠=135°, ㉡=22.5°
다2. 1) 108°, 36°, 36°	2) 72°

가1. _____ 단계별 힌트

1단계	예제 풀이를 복습합니다.
2단계	한 꼭짓점에서 그을 수 있는 대각선의 개수로 다각형의 종류를 알아낼 수 있습니다.
3단계	전체 대각선의 개수를 구하는 공식은 무엇입니까?

한 점에서 그을 수 있는 대각선의 수는 7개이므로, 꼭짓점의 수는 이웃하는 2개의 점과 자기 자신인 한 점을 포함하여 총 10개입니다.

이 도형은 10각형입니다.

10각형에서 그을 수 있는 대각선의 개수는

10×7÷2=35(개)입니다.

가2. _____ 단계별 힌트

1단계	예제 풀이를 복습합니다.
2단계	대각선의 개수를 구하는 공식은 무엇입니까?
3단계	130을 3만큼 차이가 나는 두 수의 곱으로 나타냅니다.

□각형에서 그을 수 있는 모든 대각선의 개수를 구하는 공식을 이용합니다.

(□-3)×□÷2=65

(□-3)×□=130

→ 130=13×10이므로 꼭짓점의 개수는 13개입니다.

이 도형은 정십삼각형입니다.

나1. _____ 단계별 힌트

1단계	예제 풀이를 복습합니다.
2단계	도형을 삼각형으로 나누어 봅니다.

오각형의 한 꼭짓점에서 대각선을 그어 보면 삼각형이 3개가 만들어집니다.

따라서 오각형의 내각의 합은 삼각형 3개의 내각의 합과 같습니다.

(오각형의 내각의 합)=180°×3=540°

나2. _____ 단계별 힌트

1단계	예제 풀이를 복습합니다.
2단계	도형을 익숙한 모양으로 만들어 봅니다.
3단계	나비 모양의 도형에서, 각의 크기는 어떻게 알 수 있습니까?

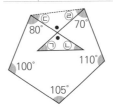

그림과 같이 선분을 하나 그으면 오각형이 됩니다.

㉠과 ㉡과 함께 삼각형을 이룬 각을 ●라 표시하고, 나머지 각을 ㉢과 ㉣로 표시합니다.

그런데 ●와 마주한 각은 맞꼭지각이므로 ㉠+㉡=㉢+㉣입니다.

오각형의 내각의 합은 540°이므로

㉢+㉣=540°-105°-100°-80°-70°-110°=75°입니다.

따라서 ㉠+㉡=㉢+㉣=75°

다1. _____ 단계별 힌트

1단계	예제 풀이와 정다각형의 내각의 크기와 합을 복습합니다.
2단계	정다각형의 성질을 복습합니다.
3단계	"㉡이 있는 삼각형은 어떤 삼각형일까?"

정팔각형의 한 꼭짓점에서 대각선을 그으면, 6개의 삼각형으로 나눕니다.

내각의 합은 180°×6=1080°이므로, 한 내각의 크기는

1080°÷8=135°입니다. 따라서 ㉠=135°입니다.

한편 ㉡을 포함하는 삼각형은 두 변의 길이가 같으므로 이등변삼각형입니다.

따라서 ㉡은 180°-135°=45°의 반입니다.

45=22.5+22.5이므로, ㉡=22.5°입니다.

다2.

단계별 힌트

1단계	예제 풀이와 정다각형의 내각의 크기와 합을 복습합니다.
2단계	정다각형의 성질을 복습합니다.
3단계	"정오각형을 삼각형으로 나누어 볼까?"

1) 한 내각의 크기는 내각의 총합을 꼭짓점의 개수로 나누어 구합니다. (정오각형의 한 내각의 크기) = 540° ÷ 5 = 108°
그런데 정오각형의 두 꼭짓점을 연결해서 만들어지는 삼각형은 이등변삼각형입니다. 따라서 세 내각의 크기는 각각 108°, 36°, 36°입니다.

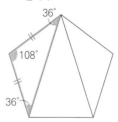

2) 1)에서 알 수 있듯이, 파란색 삼각형의 두 밑각의 크기도 36°입니다. 따라서 삼각형의 외각의 성질을 이용하면, ㉠ = 36° + 36° = 72°

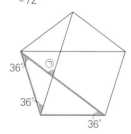

심화종합

①세트

· 50쪽~53쪽

1. 5m	2. 50°	3. 6.33	4. 75°
5. 4일과 5일 사이, 30개		6. 72°	7. 70°

1

단계별 힌트

1단계	주어진 조건을 가지고 식을 세워 봅니다.
2단계	세 사람의 키의 합을 어떻게 구할 수 있습니까?

두 사람씩 키의 합을 식으로 나타내어 합을 구해 봅니다.
(준호의 키) + (호열의 키) = $3\frac{1}{6}$(m)

(준호의 키) + (범구의 키) = $3\frac{2}{6}$(m)
(호열의 키) + (범구의 키) = $3\frac{3}{6}$(m)
위의 두 식을 더하면
(준호의 키) + (호열의 키) + (준호의 키) + (범구의 키) = $3\frac{1}{6} + 3\frac{2}{6}$
→ (준호의 키) + (준호의 키) + (호열의 키) + (범구의 키) = $6\frac{3}{6}$
그런데 (호열의 키) + (범구의 키) = $3\frac{3}{6}$이므로
(준호의 키) + (준호의 키) + $3\frac{3}{6} = 6\frac{3}{6}$
→ (준호의 키) + (준호의 키) + $3\frac{3}{6} - 3\frac{3}{6} = 6\frac{3}{6} - 3\frac{3}{6}$
→ (준호의 키) + (준호의 키) = 3
3 = $2\frac{6}{6}$이므로 준호의 키는 $2\frac{6}{6}$의 반인 $1\frac{3}{6}$m입니다.
따라서 (준호의 키) + (호열의 키) + (범구의 키) = $1\frac{3}{6} + 3\frac{3}{6} = 4\frac{6}{6}$
= 5(m)입니다.

2

단계별 힌트

1단계	이등변삼각형은 두 밑각의 크기가 같습니다. 따라서 한 각을 알면 세 각의 크기를 모두 알 수 있습니다.
2단계	정삼각형은 모든 각이 60°입니다.
3단계	평각은 180°입니다. 이 사실을 이용해 크기를 구할 수 있는 각은 어디입니까?

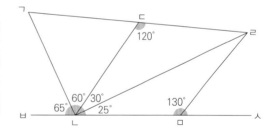

삼각형 ㄷㄴㄹ과 삼각형 ㄴㅁㄹ은 이등변삼각형이고, 이등변삼각형은 두 밑각의 크기가 같습니다.
이 성질을 이용해 각의 크기를 구해 봅니다.
삼각형 ㄱㄴㄷ은 정삼각형이므로 각 ㄱㄴㄷ은 60°입니다.
삼각형 ㄷㄴㄹ은 이등변삼각형이고 이등변삼각형의 밑각의 크기는 같습니다.
따라서 (각 ㄷㄴㄹ) = (180° - 120°) ÷ 2 = 30°
평각은 180°입니다.
따라서 (각 ㄹㄴㅁ) = 180° - 65° - 60° - 30° = 25°
삼각형 ㄴㅁㄹ은 이등변삼각형입니다.
따라서 (각 ㄴㅁㄹ) = (각 ㄹㄴㅁ) = 25°
(각 ㄴㅁㄹ) = 180° - (각 ㄴㅁㄹ) - (각 ㄹㄴㅁ)
= 180° - 25° - 25° = 130°
따라서 (각 ㄹㅁㅅ) = 180° - 130° = 50°

3 _____ 단계별 힌트

1단계	합과 차가 주어질 때 두 수를 어떻게 구할 수 있습니까?
2단계	같은 수를 주어진 차이만큼 만드는 방법은 무엇입니까?
3단계	2만큼 차이를 만들려면 한 쪽이 다른 쪽에 1을 주면 됩니다.

차를 만들기 위해서는 한 쪽이 차이의 절반만큼 다른 쪽에 주면 됩니다.
우선 합의 절반씩 갖습니다. 12.26의 절반은 6.13입니다.
차의 절반은 0.4의 반인 0.2입니다.
합의 절반에 차의 절반을 더하고 빼면, 합이 12.26이고 차가 0.4인 두 소수를 구할 수 있습니다.
작은 수 = 6.13 − 0.2 = 5.93
큰 수 = 6.13 + 0.2 = 6.33

다른 풀이

두 소수 중 큰 수를 ㉠, 작은 수를 ㉡이라고 두고 식을 만들어 봅니다.
㉠ + ㉡ = 12.26, ㉠ − ㉡ = 0.4입니다.
(㉠ + ㉡) + (㉠ − ㉡) = 12.26 + 0.4 = 12.66
따라서 ㉠ + ㉠ = 12.66
12.66 = 6.33 + 6.330이므로 ㉠ = 6.33입니다.

4 _____ 단계별 힌트

1단계	평행선의 뜻을 복습합니다.
2단계	평행선에서 수직으로 직선을 그으면 평행선과 수직선이 만나는 부분의 각은 직각입니다.
3단계	점 ㄴ을 지나면서 두 평행선과 수직인 선분을 그어 보고, 모양을 보며 생각해 봅니다.

점 ㄴ을 지나면서 두 평행선과 수직인 수선을 그어 봅니다.

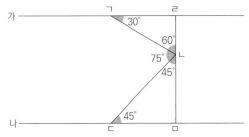

수선이 직선 가, 나와 만나는 점을 각각 ㄹ, ㅁ이라고 놓습니다.
그러면 각각 직각삼각형 ㄱㄴㄹ과 직각삼각형 ㄴㄷㅁ이 만들어집니다.
삼각형의 내각의 합은 180°이므로
(각 ㄱㄴㄹ) = 180° − 90° − 30° = 60°

(각 ㄷㄴㅁ) = 180° − 90° − 45° = 45°
따라서 (각 ㄱㄴㄷ) = 180° − (각 ㄱㄴㄹ) − (각 ㄷㄴㅁ)
= 180° − 60° − 45° = 75°

5 _____ 단계별 힌트

1단계	마카롱을 많이 먹을수록 개수가 많이 줄어듭니다.
2단계	개수가 많이 줄어들면 그래프의 모양이 어떻게 변합니까?

선의 기울기로 마카롱을 가장 많이 먹은 날을 찾습니다. 많이 먹을수록 남은 개수가 많이 줄어들기 때문에 선의 기울기가 가팔라집니다. 선의 기울기가 가장 가파른 4일과 5일 사이이 마카롱을 가장 많이 먹었습니다.
세로 눈금 한 칸은 마카롱 10개를 나타냅니다.
따라서 4일과 5일 사이에 마카롱을 10×3 = 30(개) 먹었습니다.

6 _____ 단계별 힌트

1단계	정오각형의 내각의 합은 얼마고, 한 내각의 크기는 얼마입니까?
2단계	정오각형에서 만들어지는 이등변삼각형을 찾아봅니다.
3단계	이등변삼각형은 두 밑각의 크기가 같습니다.

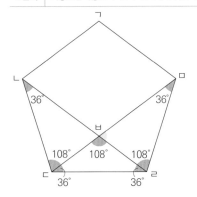

정오각형의 모든 각의 크기의 합은 540°입니다.
따라서 (각 ㄴㄷㄹ) = (각 ㄷㄹㅁ) = 540° ÷ 5 = 108°
그런데 삼각형 ㄴㄷㄹ과 삼각형 ㄷㄹㅁ은 이등변삼각형이므로
(각 ㅁㄷㄹ) = (각 ㄴㄹㄷ) = (180° − 108°) ÷ 2 = 36°입니다.
삼각형 ㄷㅂㄹ에서 (각 ㄷㅂㄹ) = 180° − 36° − 36° = 108°
평각은 180°이므로, (각 ㄹㅂㅁ) = 180° − 108° = 72°

7 _____ 단계별 힌트

1단계	평행선에서 동위각의 성질을 복습합니다.
2단계	크기가 서로 같은 각들을 찾아봅니다.
3단계	평각은 180°입니다.

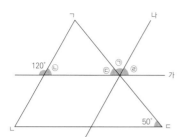

평행한 두 직선이 한 직선과 만날 때 생기는 각의 크기를 구해 봅니다.

1. 평각은 180°이므로 ⓛ=60°입니다.
2. 평행한 두 직선이 한 직선과 만날 때 생기는 같은 쪽의 각의 크기는 같으므로 ⓔ=ⓛ=60°입니다.
3. 평행한 두 직선이 한 직선과 만날 때 생기는 같은 쪽의 각의 크기는 같으므로 ⓒ=(각 ㄱㄷㄴ)=50°입니다.
4. 평각의 크기는 180°이므로 ⓐ+ⓔ+ⓒ=180°입니다.
→ ⓐ+60°+50°=180°이므로 ⓐ=70°입니다.

②세트
• 54쪽~57쪽

1. 900° **2.** 10월, 12,000,000원 **3.** 150°
4. 1.11m **5.** ⓐ=50°, ⓛ=70°
6. 오후 9시 43분 45초 **7.** 50°

1 ──────────────── 단계별 힌트

1단계	내각의 합을 알고 있는 도형은 삼각형과 사각형입니다.
2단계	주어진 도형을 삼각형과 사각형 모양으로 잘라 살펴봅니다.
3단계	삼각형의 내각의 합은 180°, 사각형의 내각의 합은 360°입니다.

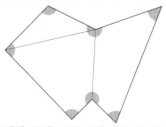

도형을 삼각형 1개와 사각형 2개로 나누어 각의 크기의 합을 구합니다.
삼각형의 세 각의 크기의 합은 180°이고, 사각형의 네 각의 크기의 합은 360°이므로 표시한 각의 크기의 합은 360°+360°+180°=900°입니다.

2 ──────────────── 단계별 힌트

1단계	한 눈금이 몇 상자를 나타냅니까?
2단계	주어진 값들을 이용해 9월 판매량부터 구해 봅니다.

1. 세로 눈금 한 칸이 몇 상자인지부터 구합니다. 세로 눈금 5칸은 이 1000상자이므로 세로 눈금 한 칸은 1000÷5=200(상자)를 나타냅니다. 따라서 6월은 2000상자, 7월은 1800상자, 8월은 1200상자, 10월은 1200상자, 11월은 1600상자, 12월은 800상자 팔렸습니다.
2. 9월의 판매량을 구하기 위해 판매량의 합계를 이용합니다.
6월부터 12월까지의 판매량의 합은 9400상자입니다. 따라서 6월부터 12월까지의 판매량의 합계를 식으로 쓰면 다음과 같습니다.
2000+1800+1200+(9월의 판매량)+1200+1600+800
=9400(상자)
따라서 (9월의 판매량)=9400-8600=800(상자)
3. 9월과 10월의 판매량의 차는 1200-800=400(상자)입니다.
음료수 한 상자는 30000원이므로, 음료수를 판매한 값의 차는 30000×400=12,000,000(원)입니다.

3 ──────────────── 단계별 힌트

1단계	삼각형의 내각의 합은 180°고, 사각형의 내각의 합은 360°입니다.
2단계	ⓐ과 ⓛ과 ⓒ이 각각 몇 도인지 구할 수는 없어도, ⓐ+ⓛ+ⓒ의 값은 구할 수 있습니다.
3단계	각 ㅁㄴㄷ과 각 ㅁㄷㄴ의 크기의 합을 구할 수 있습니다.

1. 사각형 ㄱㄴㄷㄹ의 내각의 합은 360°입니다. 따라서 다음과 같은 식을 세울 수 있습니다.
(각 ㄹㄱㄴ)+ⓐ+(각 ㅁㄴㄷ)+(각 ㅁㄷㄴ)+ⓛ+ⓒ=360°
2. 각 ㄹㄱㄴ은 90°입니다.
3. 각 ㅁㄴㄷ과 각 ㅁㄷㄴ의 크기의 합을 구해 봅니다. 삼각형의 내각의 합은 180°이므로, 삼각형 ㅁㄴㄷ에서 (각 ㅁㄴㄷ)+(각 ㅁㄷㄴ)=180°-60°=120°입니다.
4. 따라서 1의 식을 다음과 같이 고칠 수 있습니다.
90°+ⓐ+120°+ⓛ+ⓒ=360°
→ ⓐ+ⓛ+ⓒ=360°-90°-120°=150°

4 ──────────────── 단계별 힌트

1단계	색 테이프 3개를 붙이면 겹치는 부분은 몇 개 생깁니까?
2단계	(전체 길이) =(색 테이프 3개 길이)-(겹치는 부분의 전체 길이)

겹치는 부분의 길이의 합을 구하는 식을 세워 봅니다.

(색 테이프 3개의 길이의 합) = 1.85 + 1.85 + 1.85 = 5.55(m)
색 테이프가 3개이므로 겹치는 부분은 2개 생깁니다.
그런데 색 테이프 전체 길이가 3.33m이므로
(겹치는 두 부분의 길이) = 5.55-3.33 = 2.22(m)입니다.
따라서 겹치는 한 부분의 길이는 2.22의 반인 1.11m입니다.

5 ───────────────── 단계별 힌트

1단계	원의 반지름은 길이가 모두 같습니다.
2단계	선분 ㅁㄴ과 선분 ㅁㄷ을 그어 봅니다.
3단계	이등변삼각형과 정삼각형을 찾아봅니다.

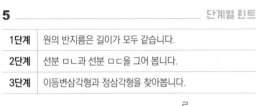

1. 두 반원이 만나는 점 ㅁ에서 각 원의 중심인 점 ㄴ과 점 ㄷ을 향해 선분을 그어 봅니다.
선분 ㄱㄴ, 선분 ㄴㅁ, 선분 ㄴㄷ은 왼쪽 반원의 반지름이므로 모두 길이가 같고, 선분 ㄴㄷ, 선분 ㄷㅁ, 선분 ㄷㄹ은 오른쪽 반원의 반지름이므로 모두 길이가 같습니다.
두 반원의 반지름의 길이는 같으므로 선분 ㄱㄴ = 선분 ㄴㅁ = 선분 ㄴㄷ = 선분 ㅁㄷ = 선분 ㄷㄹ입니다.
2. 삼각형 ㄴㅁㄷ은 (변 ㄴㅁ) = (변 ㄴㄷ) = (변 ㄷㅁ)인 정삼각형이므로 모든 각이 60°입니다. 따라서 각 ㄱㄴㅁ은 140°에서 60°만큼 뺀 80°입니다.
3. 삼각형 ㄱㄴㅁ은 (변 ㄱㄴ) = (변 ㄴㅁ)인 이등변삼각형입니다. 따라서 삼각형 ㄱㄴㅁ의 밑각인 각 ㄴㄱㅁ(㉠)과 각 ㄱㅁㄴ은 크기가 같습니다.
따라서 ㉠ = (각 ㄱㅁㄴ) = (180°-80°)÷2 = 50°입니다.
4. (각 ㄹㅁㄷ) = 180° - 50° - 60° = 70°입니다.
5. 삼각형 ㄹㄷㅁ은 (변 ㅁㄷ) = (변 ㄷㄹ)인 이등변삼각형이고 삼각형 ㄹㄷㅁ의 밑각은 각 ㄷㄹㅁ(㉡)과 각 ㄷㅁㄹ입니다.
따라서 ㉡ = (각 ㄷㅁㄹ) = 70°입니다.

6 ───────────────── 단계별 힌트

1단계	10일 오후 10시~15일 오후 10시는 몇 일 몇 시간입니까?
2단계	하루에 $3\frac{1}{4}$ 분 늦으면, 5일이면 얼마가 늦을까요?
3단계	시계가 늦다는 말은 원래 시간보다 빠르게 간다는 말입니까, 느리게 간다는 말입니까?

10일 오후 10시부터 15일 오후 10시까지 얼마나 흘렀는지 계산하

면 5일입니다.
하루에 $3\frac{1}{4}$ 분씩 늦어지므로, 5일 동안 늦어지는 시간은
$3\frac{1}{4} + 3\frac{1}{4} + 3\frac{1}{4} + 3\frac{1}{4} + 3\frac{1}{4} = 15\frac{5}{4} = 16\frac{1}{4}$ (분)입니다.
$\frac{1}{4}$ 분은 60초의 $\frac{1}{4}$ 인 15초이므로 $16\frac{1}{4}$ 분은 16분 15초입니다.
따라서 15일 오후 10시에 이 시계가 가리키는 시각은 오후 10시에서 16분 15초가 느려진 오후 9시 43분 45초입니다.

7 ───────────────── 단계별 힌트

1단계	평행선에서 엇각의 크기는 같습니다.
2단계	직선 가, 나와 평행한 직선을 그어 봅니다.
3단계	삼각형의 세 내각의 합은 180°입니다.

직선 가와 평행하면서 80°를 지나는 직선 다와, ㉠을 지나며 직선 나와 평행한 직선 라를 그어봅니다. 그러면 평행한 두 직선이 한 직선과 만날 때 생기는 같은 쪽의 각의 크기는 같고(동위각의 성질), 평행한 두 직선이 한 직선과 만날 때 생기는 반대쪽의 각의 크기는 같습니다(엇각의 성질). 그렇게 각을 찾아 나가면 그림과 같습니다.

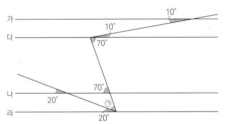

그림에서 직선 다와 직선 나에 생기는 엇각의 크기는 70°로 서로 같고, 직선 나와 직선 라에 생기는 동위각의 크기는 70°로 같습니다.
따라서 ㉠ + 20° = 70°입니다.
㉠ = 70° - 20° = 50°

다른 풀이

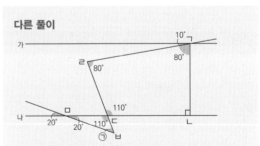

위의 그림과 같이 점 ㄱ에서 직선 나에 수선을 긋고, 교점을 점 ㄴ이라고 합니다.
사각형 ㄱㄴㄷㄹ에서 (각 ㄴㄱㄹ) = 90° - 10° = 80°, (각 ㄱㄴㄷ) = 90°, (각 ㄱㄹㄷ) = 80°이므로 (각 ㄹㄷㄴ) = 110°입니다.
한편, 삼각형 ㅁㅂㄷ에서 (각 ㅂㅁㄷ) = 20°(맞꼭지각의 성질), (각 ㅁㄷㅂ) = 110°(맞꼭지각의 성질)이므로 ㉠은 180° - 20° - 110° = 50°입니다.

1. 115°	2. $\frac{1}{5}$cm	3. 114cm
4. 6.18kg	5. 금요일, 300대	
6. 11°	7. 7일	

1 _____ 단계별 힌트

1단계	길이가 같은 변을 표시해 봅니다.
2단계	이 그림에는 이등변삼각형 2개가 있습니다. 무엇과 무엇입니까?
3단계	이등변삼각형의 밑각의 크기는 같습니다. 정사각형의 네 각의 크기는 모두 90°로 같습니다.

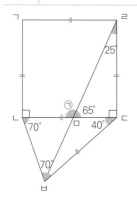

도형에서 길이가 같은 선분을 찾아 표시를 해보면, 삼각형 ㄷㄹㅂ과 삼각형 ㄴㄷㅂ이 이등변삼각형임을 알 수 있습니다.
각 ㄱㄴㅂ에서 정사각형의 한 각의 크기인 90°를 빼면
(각 ㄷㄴㅂ)=160°-90°=70°=(각 ㄴㅂㄷ)입니다.
(각 ㄴㄷㅂ)=180°-70°-70°=40°입니다.
(각 ㄹㄷㅂ)=90°+40°=130°이고,
이등변삼각형 ㄹㄷㅂ의 밑각은 각 ㄷㄹㅂ과 각 ㄷㅂㄹ이므로
(각 ㄷㄹㅂ)=(각 ㄷㅂㄹ)=(180°-130°)÷2=25°입니다.
삼각형의 내각의 크기의 합은 180°이므로
삼각형 ㄹㅁㄷ에서 (각 ㄹㅁㄷ)=180°-90°-25°=65°이고,
따라서 ㉠=180°-65°=115°입니다.

2 _____ 단계별 힌트

1단계	2분 동안 탄 양초의 길이로 1분 동안 탄 양초의 길이를 구할 수 있습니다.
2단계	7분 동안 탄 양초의 길이는?

2분 동안 탄 양초의 길이를 구합니다.
(2분 동안 탄 양초의 길이)=$10-7\frac{1}{5}=2\frac{4}{5}$(cm)

$2\frac{4}{5}=\frac{14}{5}$ 이므로
$\frac{14}{5}=\frac{7}{5}+\frac{7}{5}$입니다.
1분 동안 탄 양초의 길이는 $\frac{7}{5}$(cm)입니다.
따라서 (7분 동안 탄 길이)
$=\frac{7}{5}+\frac{7}{5}+\frac{7}{5}+\frac{7}{5}+\frac{7}{5}+\frac{7}{5}+\frac{7}{5}=\frac{49}{5}=9\frac{4}{5}$(cm)
따라서 남은 양초의 길이는 $10-9\frac{4}{5}=\frac{1}{5}$(cm)입니다.

3 _____ 단계별 힌트

1단계	노란색 삼각형을 크기별로 분류해 봅니다.
2단계	크기별로 분류한 각 노란색 삼각형의 변의 길이를 구해 봅니다.
3단계	각 노란색 삼각형의 개수를 세어 봅니다.

색칠한 삼각형을 크기별로 분류해 봅니다.

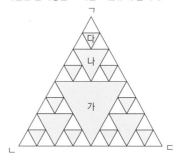

중점을 그어 만들어진 가장 큰 삼각형을 가, 그 다음 삼각형을 가, 그 다음 삼각형을 다라고 하고 각각의 한 변의 길이를 구해 봅니다.
삼각형 ㄱㄴㄷ의 한 변의 길이는 48÷3=16(cm)입니다.
삼각형 가의 한 변의 길이는 가장 큰 삼각형의 한 변의 길이의 반이므로 8cm입니다.
삼각형 나의 한 변의 길이는 삼각형 가의 한 변의 길이의 반이므로 4cm입니다.
삼각형 다의 한 변의 길이는 삼각형 나의 한 변의 길이의 반이므로 2cm입니다.
가는 1개, 나는 3개, 다는 9개 있습니다.
따라서 색칠한 삼각형들의 둘레의 길이의 합을 구하는 식은 다음과 같습니다.
(가의 둘레의 길이)+(나의 둘레의 길이)×3+(다의 둘레의 길이)×9
=(8×3)+(4×3)×3+(2×3)×9
=24+36+54
=114(cm)

4 _____ 단계별 힌트

1단계	책 14권의 무게는 어떻게 구합니까?

2단계	책 14권의 무게를 구하면 책 1권의 무게를 구할 수 있습니다.
3단계	빈 상자의 무게를 구하려면 전체 무게에서 책 30권의 무게를 빼야 합니다.

책 14권의 무게를 구해 봅니다.
(책 14권의 무게) = 21.18 − 14.18 = 7.00(kg)입니다.
7kg = 7000g이므로
(책 1권의 무게) = 7000÷14 = 500(g)입니다.
책 1권의 무게가 500g이므로 책 30권의 무게는
500×30 = 15000(g) = 15(kg)
(빈 상자의 무게) = 21.18 − 15 = 6.18(kg)입니다.

5 ──────────────────── 단계별 힌트

1단계	세로 한 눈금이 몇 대를 나타냅니까?
2단계	각 요일별로 판매량을 구해 봅니다.

세로 눈금 5칸이 500대를 나타내므로 세로 눈금 한 칸은
500÷5 = 100(대)를 나타냅니다.
월요일 판매량은 100대입니다.
화요일의 그래프 표시는 월요일 판매량을 합한 것이므로, 화요일 판매량만 구하려면 전날 판매량을 빼야 합니다.
화요일 판매량은 300 − 100 = 200(대)
수요일 판매량은 400 − 300 = 100(대)
목요일 판매량은 600 − 400 = 200(대)
금요일 판매량은 900 − 600 = 300(대)
토요일 판매량은 1000 − 900 = 100(대)
일요일 판매량은 1000 − 1000 = 0(대)
따라서 청소기를 가장 많이 판매한 요일은 금요일이고,
300대를 팔았습니다.

6 ──────────────────── 단계별 힌트

1단계	정오각형의 한 내각의 크기는 108°입니다.
2단계	도형 속에서 이등변삼각형을 찾아봅니다. 정사각형과 정오각형의 변의 길이가 같다는 점을 이용합니다.
3단계	삼각형의 세 내각의 합은 180°입니다.

정오각형의 한 각의 크기를 구해 각 ㅁㄹㅅ의 크기를 알아봅니다.

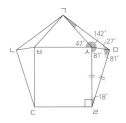

1. 정오각형의 한 각의 크기는 108°이고,
(각 ㅁㄹㅅ) = 108° − 90° = 18°입니다.
2. 변 ㄹㅅ은 정사각형의 한 변이므로 변 ㄷㄹ과 길이가 같고, 변 ㄷㄹ은 정오각형의 한 변이므로 변 ㄹㅁ의 길이와 같습니다. 따라서 삼각형 ㄹㅁㅅ은 (변 ㄹㅅ) = (변 ㄹㅁ)인 이등변삼각형입니다.
따라서 (각 ㅁㅅㄹ) = (각 ㅅㅁㄹ) = (180° − 18°)÷2 = 81°입니다.
3. (각 ㄱㅁㅅ) = 108° − 81° = 27°입니다.
4. (각 ㄱㅅㅁ) = 360° − (각 ㄱㅅㅂ) − (각 ㄹㅅㅂ) − (각 ㅁㅅㄹ)
= 360° − 47° − 90° − 81° = 142°
따라서 삼각형 ㄱㅅㅁ에서
(각 ㅁㄱㅅ) = 180° − 27° − 142° = 11°입니다.

7 ──────────────────── 단계별 힌트

1단계	두 명이서 일하는 양은 각각 일하는 양을 더해서 구합니다.
2단계	2일 동안 하는 일의 양은 하루 동안 하는 양을 2번 더해서 구합니다.
3단계	전체 일의 양은 1입니다.

준호, 장수, 석봉이 함께 2일 동안 한 일의 양, 준호와 석봉이 함께 2일 동안 한 일의 양을 각각 구합니다.
(준호, 장수, 석봉이 하루에 하는 일의 양) = $\frac{2}{24} + \frac{3}{24} + \frac{1}{24} = \frac{6}{24}$
(준호, 장수, 석봉이 2일 동안 하는 일의 양) = $\frac{6}{24} + \frac{6}{24} = \frac{12}{24}$
(준호, 석봉이 하루에 하는 일의 양) = $\frac{2}{24} + \frac{1}{24} = \frac{3}{24}$
(준호, 석봉이 2일 동안 하는 일의 양) = $\frac{3}{24} + \frac{3}{24} = \frac{6}{24}$
전체 일의 양을 1이라 할 때 준호가 혼자 해야 하는 일의 양은
$1 - \frac{12}{24} - \frac{6}{24} = \frac{24}{24} - \frac{12}{24} - \frac{6}{24} = \frac{6}{24}$입니다.
$\frac{6}{24} = \frac{2}{24} + \frac{2}{24} + \frac{2}{24}$ 이므로 나머지 일은 준호가 3일 동안 하면 끝낼 수 있습니다.
따라서 일을 시작한 지 2 + 2 + 3 = 7(일) 만에 끝낼 수 있습니다.

④세트 · 62쪽~65쪽

1. 115°	2. 0.76kg	3. 40°	4. 10L
5. 30°	6. 15cm	7. 21	

1 ──────────────────── 단계별 힌트

1단계	이등변삼각형은 두 밑각의 크기가 같습니다.
2단계	이등변삼각형이 하나가 아닙니다.
3단계	정사각형의 모든 변의 길이는 같고, 한 각의 크기는 90°입니다.

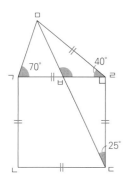

삼각형 ㄱㅁㄹ의 남은 각들의 크기를 구해 봅니다.
삼각형 ㄱㅁㄹ은 이등변삼각형이므로
(각 ㄱㅁㄹ)＝(각 ㅁㄱㄹ)＝70°
(각 ㄱㄹㅁ)＝180°－70°－70°＝40°입니다.
(각 ㄷㄹㅁ)＝90°＋40°＝130°입니다.
삼각형 ㄹㅁㄷ은 (변 ㄹㅁ)＝(변 ㄹㄷ)인 이등변삼각형이므로,
(각 ㄹㅁㄷ)＝(각 ㄹㄷㅁ)＝(180°－130°)÷2＝25°입니다.
따라서 (각 ㄹㅂㅁ)＝180°－40°－25°＝115°입니다.

다른 풀이

각 ㄹㅂㅁ의 크기를 구할 때 삼각형의 외각의 성질을 이용해
도 됩니다. 각 ㄷㄹㅂ과 각 ㄹㄷㅂ을 합한 크기는 각 ㄹㅂㅁ과
같습니다. 즉 (각 ㄹㅂㅁ)＝90°＋25°＝115°입니다.

2 　　　　　　　　　　　　　　　　　　단계별 힌트

1단계	주어진 조건을 가지고 식을 세워 봅니다.
2단계	(사과＋배＋감귤)의 무게를 구해 봅니다.
3단계	지금까지 쓴 식들을 활용해 과일 하나의 무게를 구할 수 있습니다.

우선 주어진 조건들을 식으로 써 봅니다.
(사과)＋(배)＝1.62kg
(배)＋(감귤)＝1.18kg
(사과)＋(감귤)＝0.86kg
이 세 가지 식을 전부 더해 다음과 같은 식을 만듭니다.
(사과)＋(배)＋(배)＋(감귤)＋(감귤)＋(사과)＝1.62＋1.18＋0.86
→ (사과＋배＋감귤)＋(사과＋배＋감귤)＝3.66(kg)＝3660(g)
→ (사과＋배＋감귤)＝3660÷2＝1830(g)＝1.83(kg)
이 식들을 가지고 과일 하나의 무게를 구할 수 있습니다.
(배)＝(사과＋배＋감귤)－(사과＋감귤)＝1.83－0.86＝0.97(kg)
(감귤)＝(사과＋배＋감귤)－(사과＋배)＝1.83－1.62＝0.21(kg)
따라서 (배)－(감귤)＝0.97－0.21＝0.76(kg)입니다.

3 　　　　　　　　　　　　　　　　　　단계별 힌트

1단계	주어진 각이 있는 부분에 삼각형을 만들어 해결해 봅니다.
2단계	정사각형의 꼭짓점을 지나면서 평행선에 수직인 선분을 그어 봅니다.
3단계	직각삼각형 2개를 찾아봅니다.

점 ㄷ을 지나면서 두 직선 가, 나와 수직인 선분을 그어 삼각형을 만
들어 봅니다.
그러면 직각삼각형 2개를 찾을 수 있습니다. 이름을 붙이기 위해 각
꼭짓점에 ㄱ, ㄴ, ㄷ, ㄹ, ㅁ이라 이름 붙이면 직각삼각형 2개는 삼
각형 ㄱㄴㄷ, 삼각형 ㄷㄹㅁ입니다.

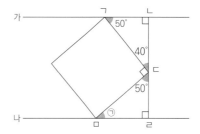

직각삼각형 ㄱㄴㄷ에서 (각 ㄴㄱㄷ)＝50°이므로
(각 ㄱㄷㄴ)＝40°입니다.
한편 (각 ㄱㄷㄴ)＋(각 ㄱㄷㅁ)＋(각 ㄹㄷㅁ)＝180°이므로
(각 ㄹㄷㅁ)＝50°입니다.
따라서 ㉠＝180°－90°－50°＝40°입니다.

4 　　　　　　　　　　　　　　　　　　단계별 힌트

1단계	5시간 동안 두 자동차가 달린 거리를 계산합니다.
2단계	한 눈금은 몇 킬로미터를 나타냅니까?
3단계	사용한 경유의 양을 계산하려면 식을 어떻게 세워야 합니까?

두 자동차가 5시간 동안 달린 거리를 알아봅니다.
세로 눈금 5칸은 100km이므로 세로 눈금 1칸은 100÷5＝20(km)
입니다.
A 자동차가 5시간 동안 달린 거리는 180km입니다.
B 자동차가 5시간 동안 달린 거리는 200km입니다.
총 달린 거리를 1L로 갈 수 있는 거리로 나누면 총 사용한 경유의
양을 구할 수 있습니다.
(A 자동차가 사용한 경유의 양)＝180÷9＝20(L)
(B 자동차가 사용한 경유의 양)＝200÷20＝10(L)
따라서 두 자동차가 사용한 경유는 20－10＝10(L)만큼 차이 납니다.

5

1단계	평행선에서 수직으로 만나는 직선들이 이루는 각은 몇 도입니까?
2단계	직선 가와 직선 다가 수직으로 만난다면, 직선 나는 직선 다 및 직선 라와 수직으로 만납니다.
3단계	직각은 90°, 평각은 180°입니다.

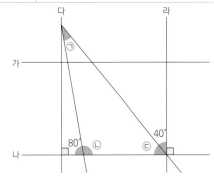

직선 나와 다가 만나는 곳에 직각 표시가 있습니다. 따라서 직선 가와 다는 수직입니다. 직선 가와 직선 나가 평행하고, 직선 다와 직선 라가 평행하므로, 결국 직선 나와 라도 수직입니다. 따라서 직선 나와 라가 이루는 각의 크기는 90°입니다. 이를 토대로 구할 수 있는 각의 크기를 찾아봅니다.

ⓛ = 180° − 80° = 100°

ⓒ = 90° − 40° = 50°

㉠, ⓛ, ⓒ은 한 삼각형의 내각을 이루므로

㉠ = 180° − ⓛ − ⓒ = 180° − 100° − 50° = 30°

6

1단계	매듭의 길이를 제외한 끈의 길이를 구해 봅니다.
2단계	1m는 100cm로 바꿀 수 있습니다.
3단계	끈이 가로, 세로, 높이를 각각 몇 번씩 지나갔습니까?

1. 우선 매듭을 묶는 데 사용한 끈의 길이를 먼저 구해 봅니다.

(매듭의 길이) = 25 + 25 = 50(cm)

2. 끈이 가로, 세로, 높이를 몇 번 지나갔는지 살펴봅니다.

가로는 2번, 세로는 4번, 높이는 6번 지나갔습니다.

가로에 사용된 끈의 길이는 10.3 + 10.3 = 20.6(cm)입니다.

세로에 사용된 끈의 길이는 7.1 + 7.1 + 7.1 + 7.1 = 28.4(cm)입니다.

높이에 사용된 끈의 길이는 ㉠×6(cm)입니다.

3. 1과 2에서 구한 값을 이용해 전체 끈의 길이를 구하는 식을 세워 봅니다.

(전체 끈의 길이)

= (가로)×2 + (세로)×4 + (높이)×6 + (매듭의 길이)

= (10.3 + 10.3) + (7.1 + 7.1 + 7.1 + 7.1) + ㉠×6 + 50

= 20.6 + 28.4 + ㉠×6 + 50

= 99 + ㉠×6

전체 끈의 길이인 1.89m는 곧 189cm입니다.

따라서 99 + ㉠×6 = 189입니다.

→ ㉠×6 = 90

따라서 ㉠의 길이는 15cm입니다.

7

1단계	□에 적당한 자연수를 넣어 보며 규칙을 찾아봅니다. 분수들을 더해 10이 되려면, □에 들어갈 수가 작지는 않을 것입니다.
2단계	예시로, □에 7을 넣어 보면 다음과 같습니다. $\frac{1}{7} + \frac{2}{7} + \frac{3}{7} + \frac{4}{7} + \frac{5}{7} + \frac{6}{7}$ 이것을 더해서 1이 되는 분수끼리 묶어서 계산할 수 있습니다. $(\frac{1}{7} + \frac{6}{7}) + (\frac{2}{7} + \frac{5}{7}) + (\frac{3}{7} + \frac{4}{7}) = 3$
3단계	□와 분수의 개수와 계산한 값은 어떤 관계가 있습니까?

□에 적당한 자연수를 넣어 가며 생각해 봅니다.

1. □에 5를 넣어 봅니다.

$\frac{1}{5} + \frac{2}{5} + \frac{3}{5} + \frac{4}{5} = (\frac{1}{5} + \frac{4}{5}) + (\frac{2}{5} + \frac{3}{5}) = 1 + 1 = 2$

분수의 개수가 4개고, 계산한 값은 2가 됩니다.

2. □에 8을 넣어 봅니다.

$= \frac{1}{8} + \frac{2}{8} + \frac{3}{8} + \cdots + \frac{6}{8} + \frac{7}{8} = (\frac{1}{8} + \frac{7}{8}) + (\frac{2}{8} + \frac{6}{8}) + (\frac{3}{8} + \frac{5}{8}) + \frac{4}{8}$

$= \frac{8}{8} + \frac{8}{8} + \frac{8}{8} + \frac{4}{8} = 3 + \frac{4}{8}$

□가 짝수일 때는 분수의 개수가 홀수 개가 되고, 따라서 분수가 하나 남으므로 계산한 값이 자연수가 나오지 않습니다. 따라서 □는 홀수입니다.

3. 2에서 수가 8이었는데도 계산한 값이 $3\frac{4}{8}$ 밖에 되지 않습니다. □에 좀 더 큰 수인 11을 넣어 봅니다.

$\frac{1}{11} + \frac{2}{11} + \frac{3}{11} + \cdots + \frac{8}{11} + \frac{9}{11} + \frac{10}{11}$

$= (\frac{1}{11} + \frac{10}{11}) + (\frac{2}{11} + \frac{9}{11}) + (\frac{3}{11} + \frac{8}{11}) + (\frac{4}{11} + \frac{7}{11}) + (\frac{5}{11} + \frac{6}{11})$

$= \frac{11}{11} + \frac{11}{11} + \frac{11}{11} + \frac{11}{11} + \frac{11}{11} = 1 + 1 + 1 + 1 + 1 = 5$

분수의 개수가 10개고, 계산한 값은 5가 됩니다.

4. 1~3을 통해 식을 계산한 값은 분수의 개수의 절반이 된다는 사실을 알았습니다. 그리고 분수의 개수는 □보다 1이 작습니다.

즉 계산한 값이 10이 나오기 위해서는 수의 개수가 20개가 되어야 합니다. 따라서 □에 들어갈 수는 21입니다.

⑤세트

· 66쪽~69쪽

1. 140°

2. 1) 이전 분자에 1, 2, 3, 4, …를 더해 가는 규칙

  2) 9   **3.** 30°   **4.** 28.008km

5. 75°   **6.** 20°   **7.** 79°

1

단계별 힌트

1단계	이등변삼각형을 찾아봅니다. 이등변각형은 두 밑각의 크기가 같습니다.
2단계	평행사변형에서 마주 보는 각의 크기가 같습니다.
3단계	평행사변형에서 이웃하는 두 각의 크기의 합은 180°입니다.

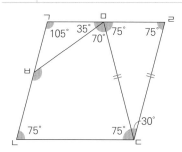

이등변삼각형을 먼저 찾아봅니다.

삼각형 ㅁㄹㄷ은 이등변삼각형이므로

(각 ㄹㅁㄷ)=(각 ㅁㄹㄷ)=(180°−30°)÷2=75°입니다.

각 ㄷㅁㅂ의 크기는 각 ㄱㅁㅂ의 크기의 2배이므로

(각 ㄱㅁㅂ)=(180°−75°)÷3=35°이고,

(각 ㄷㅁㅂ)=35°×2=70°입니다.

평행사변형은 마주 보는 각의 크기가 같으므로

(각 ㅂㄴㄷ)=(각 ㅁㄹㄷ)=75°입니다.

평행사변형은 이웃한 각의 크기의 합이 180°이므로

(각 ㄴㄷㄹ)=180°−75°=105°입니다.

(각 ㄴㄷㅁ)=(각 ㄴㄷㄹ)−(각 ㅁㄷㄹ)=105°−30°=75°이고,

사각형 ㄴㄷㅁㅂ에서 네 각의 크기의 합은 360°이므로

(각 ㄴㅂㅁ)=360°−75°−75°−70°=140°입니다.

다른 풀이

평행사변형은 이웃한 각의 크기의 합이 180°라는 사실을 이용해 (각 ㄹㄱㅂ)=105°임을 알 수 있습니다. 또한 각 ㄴㅂㅁ은 삼각형 ㄱㅁㅂ의 외각입니다. 따라서 삼각형의 외각의 성질을 이용하면 (각 ㄴㅂㅁ)=(각 ㄹㄱㅂ)+(각 ㄱㅁㅂ)=105°+35°
  =140°

2

단계별 힌트

1단계	대분수로만 봐서는 잘 모르겠다면, 가분수로 고쳐 봅니다.
2단계	가분수로 고쳤더니 분자가 늘어나는 규칙이 보입니까?

1) 주어진 분수를 나열한 규칙을 찾습니다.

주어진 분수를 가분수로 나타내면 다음과 같습니다.

$$\frac{1}{4}, \frac{2}{4}, \frac{4}{4}, \frac{7}{4}, \frac{11}{4} \cdots$$

분모는 그대로인데 분자만 변합니다. 분자를 나열해 봅니다.

1, 2, 4, 7, 11, …

이 분수들의 분자는 1 $\xrightarrow{+1}$ 2 $\xrightarrow{+2}$ 4 $\xrightarrow{+3}$ 7 $\xrightarrow{+4}$ 11 … 로 커집니다.

즉, 다음 분자에 이전 분자의 순서값을 더하는 것입니다.

2) 10번째까지의 분자를 써 봅니다.

1 $\xrightarrow{+1}$ 2 $\xrightarrow{+2}$ 4 $\xrightarrow{+3}$ 7 $\xrightarrow{+4}$ 11 $\xrightarrow{+5}$ 16 $\xrightarrow{+6}$ 22 $\xrightarrow{+7}$ 29 $\xrightarrow{+8}$ 37 $\xrightarrow{+9}$ 46이므로

10번째 분수는 $\frac{46}{4}=11\frac{2}{4}$ 입니다.

㉠=11, ㉡=2, ㉢=4입니다.

따라서 ㉠+㉡−㉢=11+2−4=9입니다.

3

단계별 힌트

1단계	각 ㅅㅇㅈ 근처에 삼각형을 만들기 위한 선을 그어 봅니다.
2단계	점 ㅇ을 지나고 두 평행선에 수직인 선분을 그어 봅니다.
3단계	직각삼각형의 세 내각의 합은 180°입니다.

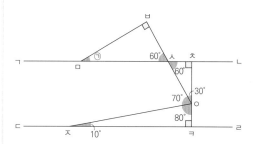

점 ㅇ을 지나고 선분 ㄱㄴ 및 ㄷㄹ과 수직인 선분 ㅊㅋ을 그어 직각삼각형 두 개를 만들어 봅니다.

삼각형 ㅇㅈㅋ에서 (각 ㅈㅇㅋ)=80°입니다.

(각 ㅅㅇㅊ)=180°−70°−80°=30°이고,

따라서 (각 ㅇㅅㅊ)=60°입니다.

각 ㅂㅅㅁ과 각 ㅇㅅㅊ은 맞꼭지각이므로

(각 ㅂㅅㅁ)=(각 ㅇㅅㅊ)=60°

따라서 ㉠=180°−90°−60°=30°입니다.

다른 풀이

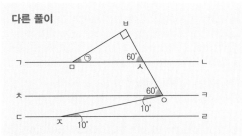

점 ㅇ을 지나고 선분 ㄱㄴ 및 ㄷㄹ과 평행인 선분 ㅈㅊ을 그어 봅니다.

엇각의 크기는 서로 같으므로

(각 ㄹㅈㅇ)=(각 ㅈㅇㅊ)=10°입니다.

각 ㅂㅇㅊ은 각 ㅂㅇㅈ에서 10°만큼 뺀 값이므로

(각 ㅂㅇㅊ)=70°-10°=60°

동위각의 크기는 서로 같으므로

(각 ㅂㅇㅊ)=(각 ㅂㅅㅁ)=60°입니다.

따라서 ㉠=180°-90°-60°=30°입니다.

---

4   단계별 힌트

1단계	두 자동차가 1시간 동안 달린 거리를 구해 봅니다.

두 자동차가 각각 1시간 동안 달린 거리를 구해 봅니다.

20분+20분+20분=60분=1시간이므로 ㉠ 자동차가 1시간 동안 달린 거리는 다음과 같이 계산할 수 있습니다.

34.744+34.744+34.744=104.232km

한편 15분+15분+15분+15분=60분=1시간이므로 ㉡ 자동차가 1시간 동안 달린 거리는 다음과 같이 계산할 수 있습니다.

16.94+16.94+16.94+16.94=67.76km

따라서 1시간 후 두 자동차 사이의 거리는 200km에서 ㉠ 자동차가 1시간 동안 달린 거리와 ㉡ 자동차가 1시간 동안 달린 거리를 빼면 됩니다. 이를 식으로 쓰고 계산하면 다음과 같습니다.

200-104.232-67.76=28.008(km)

---

5   단계별 힌트

1단계	정삼각형과 정사각형의 성질을 이용해 각들의 크기를 구합니다.
2단계	도형 속에서 이등변삼각형을 찾아봅니다.
3단계	이등변삼각형의 성질을 떠올려 봅니다.

1. 삼각형 ㄱㄴㄷ은 정삼각형이므로 각 ㄱㄷㄴ은 60°입니다. 각 ㄷㅂㅅ은 직각입니다. 따라서 각 ㄷㅅㅂ은 180°-90°-60°=30°입니다. 평각은 180°이므로, 각 ㄱㅅㅇ의 크기는 180°-30°-90°=60°입니다.

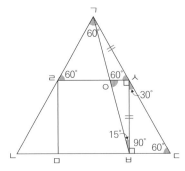

2. 같은 방법으로 각 ㄱㄹㅅ의 크기도 60°임을 알 수 있습니다.

3. 삼각형 ㄱㄴㄷ은 정삼각형이므로 각 ㄹㄱㅅ의 크기는 60°입니다.

4. 세 각의 크기가 모두 60°인 삼각형은 정삼각형이므로, 삼각형 ㄱㄹㅅ은 정삼각형입니다. 따라서 변 ㄱㄹ, 변 ㄹㅅ, 변 ㄱㅅ의 길이는 모두 같습니다. 그런데 삼각형 ㄹㅁㅂㅅ은 정사각형이므로, (변 ㄹㅅ)=(변 ㅅㅂ)입니다. 따라서 (변 ㄱㅅ)=(변 ㅅㅂ)입니다. 따라서 삼각형 ㄱㅅㅂ은 이등변삼각형임을 알 수 있습니다.

5. 각 ㄱㅅㅂ의 크기는 60°+90°=150°이므로, 각 ㅅㅂㄱ의 크기는 (180°-150°)÷2=15°입니다.

6. 삼각형 ㅂㅅㅇ에서 각 ㅅㅇㅂ의 크기는 180°-90°-15°=75°입니다.

다른 풀이

동위각의 성질을 이용해 각 ㄱㅅㄹ과 각 ㄱㄹㅅ의 크기가 60°라는 사실을 알아낼 수 있습니다. 변 ㄴㄷ과 변 ㄹㅅ은 변 ㅅㅂ과 만나서 이루는 각이 직각입니다. 따라서 변 ㄴㄷ과 변 ㄹㅅ은 평행합니다. 변 ㄱㄷ이 변 ㄴㄷ과 변 ㄹㅅ과 만나서 생긴 각 ㄱㄷㄴ과 각 ㄱㅅㄹ은 동위각입니다. 따라서 각 ㄱㅅㄹ의 크기는 각 ㄱㄷㄴ과 같은 60°입니다. 같은 방법으로 각 ㄱㄹㅅ의 크기가 각 ㄱㄴㄷ과 같은 60°임을 알 수 있습니다.

---

6   단계별 힌트

1단계	마름모는 서로 이웃한 두 각의 합이 180°이고, 마주 보는 각의 크기는 서로 같습니다.
2단계	접기 전과 접은 후의 각의 크기는 같습니다.
3단계	각 ㄱㄹㅁ의 크기를 먼저 구해 봅니다.

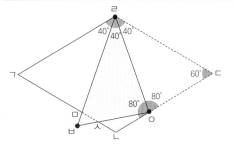

1. 마름모의 네 각의 크기부터 구합니다.
마름모는 마주 보는 각의 크기가 같습니다. 따라서 (각 ㄱㄴㄷ)=(각 ㄱㄹㄷ)=120°입니다.
마름모는 이웃한 두 각의 합이 180°입니다. 각 ㄱㄹㄷ이 120°이므로 (각 ㄹㄱㄴ)=(각 ㄹㄷㄴ)=180°−120°=60°입니다.
2. 접기 전과 접은 후의 각의 크기는 같다는 사실을 이용합니다.
각 ㄱㄹㅁ과 각 ㅂㄹㅇ이 같도록 접었고, 접기 전과 접은 후의 각은 같으므로 (각 ㄱㄹㅁ)=(각 ㅂㄹㅇ)=(각 ㄷㄹㅇ)입니다.
따라서 (각 ㅇㄹㄷ)=120°÷3=40°입니다.
3. 평각의 크기는 180°라는 사실을 이용해 각 ㄴㅇㅅ을 구합니다.
삼각형 ㄷㄹㅇ에서 각 ㄷㄹㅇ은 40°, 각 ㄹㄷㅇ은 60°이므로 각 ㄷㅇㄹ은 80°입니다. 그런데 삼각형 ㄹㅇㅂ은 삼각형 ㄷㅇㄹ을 접은 것이므로 (각 ㄹㅇㅂ)=(각 ㄷㅇㄹ)=80°입니다.
따라서 (각 ㄴㅇㅅ)=180°−80°−80°=20°입니다.

7 ─────────────── 단계별 힌트

1단계	정삼각형은 한 각의 크기가 60°입니다. 따라서 삼각형 ㄷㄹㅁ의 한 각의 크기도 60°입니다.
2단계	삼각형 ㄴㄷㄹ은 이등변삼각형입니다.
3단계	각 ㄷㅂㄹ이 속한 삼각형을 찾아봅니다.

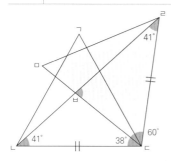

(각 ㄴㄷㄹ)=(각 ㄹㄷㅁ)+(각 ㄴㄷㅁ)=60°+38°=98°
삼각형 ㄹㄴㄷ은 (변 ㄷㄴ)=(변 ㄷㄹ)인 이등변삼각형이므로 (각 ㄴㄹㄷ)=(180°−98°)÷2=41°입니다.
삼각형 ㄹㅂㄷ에서
(각 ㄹㅂㄷ)=180°−(각 ㅂㄷㄹ)−(각 ㄹㄷㅂ)입니다.
따라서 (각 ㄹㅂㄷ)=180°−41°−60°=79°입니다.

1. $\frac{13}{15}$, $\frac{9}{15}$　　2. 7개　　3. 빨간색 양초, $\frac{5}{9}$cm
4. 52kg　　5. $6\frac{4}{9}$　　6. ②　　7. 50°
8. 120°　　9. 134cm　　10. 7개, 4개
11. ㉮ = 36°, ㉯ = 108°　　12. 4.468L
13. 0.6L　　14. 50°　　15. ⑤

1 중 ─────────────── 단계별 힌트

1단계	두 진분수를 $\frac{\square}{15}$, $\frac{\triangle}{15}$라 놓고 식을 세워 봅니다.
2단계	합과 차가 주어진 두 수를 구하려면, 합을 반으로 나누고 차의 절반을 각각 더하고 뺍니다.

진분수를 $\frac{\square}{15}$, $\frac{\triangle}{15}$라 하면 다음의 식을 세울 수 있습니다.
$\frac{\square}{15}+\frac{\triangle}{15}=1\frac{7}{15}=\frac{22}{15}$, $\frac{\square}{15}-\frac{\triangle}{15}=\frac{4}{15}$
따라서 □ +△ =22, □ −△ =4입니다.
차가 4인 두 수를 만들기 위해, 22를 반으로 나눈 후 4의 절반인 2를 각각 더하고 뺍니다.
□ =11+2=13
△ =11−2=9
따라서 두 진분수는 $\frac{13}{15}$, $\frac{9}{15}$입니다.

2 하 ─────────────── 단계별 힌트

1단계	부등식을 분모가 다 같도록 고쳐 봅니다.
2단계	$\frac{8}{8}\langle\frac{5+\square}{8}\langle\frac{16}{8}$ 로 고친 후, 분자만 비교해 생각해 봅니다.

$1\langle\frac{5}{8}+\frac{\square}{8}\langle 2$를 분모가 같은 식으로 바꾸면 다음과 같습니다.
$\frac{8}{8}\langle\frac{5+\square}{8}\langle\frac{16}{8}$
분모가 모두 같으니 분자만 비교하면 됩니다.
8 〈5+ □ 〈16
→ 3〈 □ 〈11
□ 안에 들어갈 수 있는 수는 4, 5, 6, 7, 8, 9, 10이므로 7개입니다.

3 중 ─────────────── 단계별 힌트

1단계	20분 동안 빨간색 양초는 몇 cm 탔습니까?
2단계	30분 동안 초록색 양초는 몇 cm 탔습니까?
3단계	1시간 동안 두 양초가 탄 길이는 어떻게 계산합니까?

1. (20분 동안 탄 빨간색 양초의 길이)= $25-23\frac{7}{9}=1\frac{2}{9}$(cm)

(1시간 동안 탄 빨간색 양초의 길이) $=1\frac{2}{9}+1\frac{2}{9}+1\frac{2}{9}=3\frac{6}{9}$ (cm)

(1시간 동안 타고 남은 빨간색 양초의 길이) $=25-3\frac{6}{9}=21\frac{3}{9}$ (cm)

2. (30분 동안 탄 초록색 양초의 길이) $=25-22\frac{8}{9}=2\frac{1}{9}$ (cm)

(1시간 동안 탄 초록색 양초의 길이) $=2\frac{1}{9}+2\frac{1}{9}=4\frac{2}{9}$ (cm)

(1시간 동안 타고 남은 초록색 양초의 길이) $=25-4\frac{2}{9}=20\frac{7}{9}$ (cm)

따라서 빨간색 양초가 $21\frac{3}{9}-20\frac{7}{9}=\frac{5}{9}$ (cm) 더 많이 남습니다.

4 [상]   단계별 힌트

1단계	어머니 몸무게를 이용해 휘준이와 동생의 몸무게를 식으로 세워 봅니다.
2단계	(휘준이 몸무게)=(동생 몸무게)+12kg 300g
3단계	앞서서 만든 식들을 이용해 어머니의 몸무게만 남깁니다.

(휘준이 몸무게) $=$ (어머니 몸무게의 $\frac{3}{4}$) $+$3kg 500g

(동생 몸무게) $=$ (어머니 몸무게의 $\frac{2}{4}$) $+$4kg 200g

(휘준이 몸무게) $=$ (동생 몸무게) $+$12kg 300g

따라서 (어머니 몸무게의 $\frac{3}{4}$) $+$3kg 500g

$=$ (어머니 몸무게의 $\frac{2}{4}$) $+$4kg 200g $+$12kg 300g

→ (어머니 몸무게의 $\frac{1}{4}$) $+$ (어머니 몸무게의 $\frac{2}{4}$) $+$ 3kg 500g

$=$ (어머니 몸무게의 $\frac{2}{4}$) $+$3kg 500g $+$13kg

→ (어머니 몸무게의 $\frac{1}{4}$) $=$13kg

따라서 어머니의 몸무게는 $13+13+13+13=52$ (kg)입니다.

5 [하]   단계별 힌트

1단계	가분수로 고치고 규칙을 찾아봅니다.
2단계	분모가 같으므로 분자의 규칙만 찾아보면 됩니다.

모두 가분수로 고쳐보면 $\frac{2}{9}$, $\frac{8}{9}$, $\frac{14}{9}$, $\frac{20}{9}$, …입니다.

분자가 6씩 커지고 있으므로 5번째 분수는 $\frac{26}{9}=2\frac{8}{9}$ 이고,

6번째 분수는 $\frac{32}{9}=3\frac{5}{9}$ 입니다.

따라서 5번째 분수와 6번째 분수의 합은

$2\frac{8}{9}+3\frac{5}{9}=(2+3)+(\frac{8}{9}+\frac{5}{9})=5+\frac{13}{9}=5+1\frac{4}{9}=6\frac{4}{9}$

입니다.

6 [하]   단계별 힌트

1단계	정삼각형은 세 변의 길이가 같고 세 각의 크기가 모두 60° 입니다.
2단계	이등변삼각형은 두 변의 길이가 같고, 두 각의 크기가 같습니다.

① 두 각의 크기가 다르므로 정삼각형이 아닙니다.

② 두 변의 길이가 각각 5cm이므로 이등변삼각형입니다. 그런데 이등변삼각형의 두 각의 크기는 같습니다. 60°가 같은 각 중 하나여도 나머지 각이 60°가 되고, 60°가 (같은 각이 아닌) 나머지 각이어도 두 각의 크기는 60°가 됩니다. 즉, 어떻게 생각해도 세 각의 크기가 모두 60°가 되어 정삼각형입니다.

③ 정삼각형이 아닌 이등변삼각형입니다.

④ 두 변의 길이가 다르므로 정삼각형이 아닙니다.

7 [하]   단계별 힌트

1단계	직사각형은 모든 각이 90°입니다.
2단계	이등변삼각형은 두 각의 크기가 같습니다.

삼각형 ㅁㄷㄴ은 이등변삼각형이므로 각 ㄷㄴㅁ과 각 ㄴㄷㅁ의 크기가 같습니다.

(각 ㄷㄴㅁ)=(각 ㄴㄷㅁ)=(180°−100°)÷2=40°

따라서 (각 ㄱㄴㅁ)=90°−(각 ㄷㄴㅁ)=90°−40°=50°

8 [중]   단계별 힌트

1단계	두 원의 중심을 연결해 봅니다. 선분 ㄴㄷ의 길이는 무엇과 같습니까?
2단계	두 원의 반지름의 길이가 같습니다.
3단계	정삼각형은 모든 각이 60°입니다.

점 ㄴ과 점 ㄷ을 잇는 선분을 그어 봅니다.

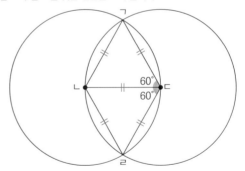

두 원의 반지름의 길이는 같습니다. 따라서 선분 ㄱㄴ, 선분 ㄱㄷ, 선분 ㄴㄷ, 선분 ㄴㄹ, 선분 ㄷㄹ의 길이는 모두 원의 반지름으로 길이가 같습니다.

따라서 삼각형 ㄱㄴㄷ과 삼각형 ㄴㄷㄹ은 둘 다 정삼각형입니다.

정삼각형은 모든 각이 60°이므로, 각 ㄱㄷㄴ과 각 ㄴㄷㄹ의 크기는 각각 60°입니다.

따라서 각 ㄱㄷㄹ의 크기는 60°+60°=120°입니다.

9 하 ────────────────── 단계별 힌트

1단계	직사각형의 둘레의 길이를 계산합니다.
2단계	정삼각형은 모든 변의 길이가 같습니다.
3단계	(정삼각형의 한 변의 길이)=(직사각형의 둘레 길이)÷3

직사각형의 둘레는 112+112+89+89=402(cm)입니다. 그러므로 정삼각형의 둘레도 402cm입니다. 정삼각형은 세 변의 길이가 모두 같으므로, 정삼각형의 한 변의 길이는 402÷3=134(cm)입니다.

10 상 ────────────────── 단계별 힌트

1단계	예각삼각형은 모든 각이 예각이고, 둔각삼각형은 한 각만 둔각입니다.
2단계	선분이 아닌, 삼각형 안의 작은 삼각형 조각들의 개수를 기준으로 생각해 봅니다.
3단계	인접한 삼각형 1개, 2개, 3개, 4개, 5개로 만들 수 있는 예각삼각형과 둔각삼각형을 생각해 봅니다.

삼각형 안의 작은 삼각형 조각들의 개수를 기준으로 삼각형을 만들고, 그것이 어떤 삼각형인지 살펴봅니다. 실제로 각도기를 가지고 재어 가며 확인합니다.

1. 예각삼각형의 경우는 다음과 같습니다.

작은삼각형 1개로 만듦

작은삼각형 2개로 만듦

작은삼각형 4개로 만듦

작은삼각형 5개로 만듦

따라서 총 7개입니다.

2. 둔각삼각형의 경우는 다음과 같습니다.

작은삼각형 1개로 만듦

작은삼각형 3개로 만듦

따라서 총 4개입니다.

11 상 ────────────────── 단계별 힌트

1단계	정오각형의 한 내각의 크기는 108°입니다.
2단계	도형 속 이등변삼각형을 찾으며 구할 수 있는 각들을 구해 봅니다.
3단계	삼각형의 내각의 합은 180°입니다.

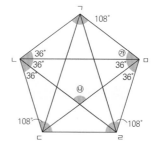

정오각형의 한 내각의 크기는 108°라는 것과 이등변삼각형의 두 밑각의 크기는 같다는 성질을 이용합니다.

1. 삼각형 ㄱㄴㅁ은 (선분 ㄱㄴ)=(선분 ㄱㅁ)인 이등변삼각형이고, (각 ㄴㄱㅁ)=108°입니다.
따라서 ㉮=(각 ㄱㄴㅁ)=(180°-108°)÷2=72°÷2=36°

2. 삼각형 ㄷㄹㅁ은 (선분 ㄷㄹ)=(선분 ㄹㅁ)인 이등변삼각형이고 (각 ㄷㄹㅁ)=108°입니다. 따라서 (각 ㄷㅁㄹ)=36°입니다.
또한 삼각형 ㄴㄷㄹ은 (선분 ㄴㄷ)=(선분 ㄷㄹ)인 이등변삼각형이고 (각 ㄴㄷㄹ)=108°입니다. 따라서 (각 ㄷㄴㄹ)=36°입니다.

3. 각 ㄱㅁㄹ은 108°이므로, (각 ㄴㅁㄷ)=108°-㉮-(각 ㄷㅁㄹ)=108°-36°-36°=36°입니다.
또한 각 ㄱㄴㄷ은 108°이므로, (각 ㄹㄴㅁ)=108°-36°-36°=36°입니다.

4. 삼각형의 내각의 합은 180°이므로,
㉯=180°-(각 ㅁㄴㄹ)-(각 ㄴㅁㄷ)=180°-36°-36°=108°

12 하
단계별 힌트

1단계	단위를 통일해 계산합니다. 1L＝1000mL입니다.
2단계	각각의 물통에 더 넣을 수 있는 물의 양은 얼마입니까?

1. 6.4L들이 물통에 더 넣을 수 있는 물의 양은
6.4-3.65＝2.75(L)입니다.
2. 단위를 통일합니다. 7482mL＝7.482L입니다.
9.2L들이 물통에 더 넣을 수 있는 물의 양은
9.2-7.482＝1.718(L)입니다.
3. 더 필요한 물의 양은 1과 2에서 계산한 값을 더해 구합니다.
2.75+1.718＝4.468(L)

13 상
단계별 힌트

1단계	㉮에서 ㉯로 몇 L를 부었습니까? 소수로 표현해 봅니다.
2단계	㉯에서 0.3L를 받은 지금, ㉮에 들어 있는 간장의 양은 얼마입니까? 또한 지금 ㉯에 들어 있는 간장의 양은 얼마입니까?
3단계	처음에 ㉯에 들어 있던 간장의 양을 □라고 하고 식을 세워 봅니다.

1. ㉮에서 ㉯로 $\frac{1}{2}$을 부었습니다. ㉮에는 1L가 들어 있었고, $\frac{1}{2}$은
의 절반이므로 0.5L를 ㉮에서 ㉯로 부었습니다.
2. ㉯에서 ㉮로 0.3L 부었습니다. 따라서 지금 ㉮에 들어 있는 간장의 양을 계산하면 다음과 같습니다.
1-0.5+0.3＝0.8(L)
또한 지금 두 통에 있는 간장의 양이 같으므로, 지금 ㉯에 들어 있는 간장의 양도 0.8L입니다.
3. ㉯에 처음 들어 있던 간장의 양을 □라고 하고 식을 세웁니다.
(지금 ㉯에 들어 있는 간장)＝□+0.5-0.3＝0.8(L)
→ □+0.2＝0.8
→ □＝0.6
따라서 ㉯에 처음 들어 있던 간장은 0.6(L)입니다.

14 중
단계별 힌트

1단계	직각이 90°임을 이용해 구할 수 있는 각을 구해 봅니다.

직각삼각형의 각의 성질을 이용합니다. □를 구하기 위해 필요한 각의 크기를 ㉠, ㉡이라 두고 ㉠과 ㉡의 크기를 구합니다.
㉠+70°＝90°이므로
㉠＝90°-70°＝20°
㉠+㉡＝90°이므로 ㉡＝90°-㉠

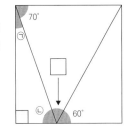

＝90°-20°＝70°
평각은 180°이므로
㉡+□+60°＝180°
→ 70°+□+60°＝180°
→ □+130°＝180°
따라서 □ 안에 알맞은 값은 50°입니다.

15 상
단계별 힌트

1단계	칠교를 가지고 실제로 만들어 보는 것이 좋습니다.

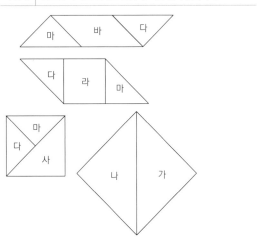

다음과 같이 (다, 바, 마), (다, 라, 마), (마, 사, 다), (가, 나)로 마주 보는 두 쌍의 변이 평행인 사각형을 만들 수 있습니다. (나, 라, 마, 바)로는 불가능합니다.

실력 진단 결과

채점을 한 후, 다음과 같이 점수를 계산합니다.
(내 점수)＝(맞은 개수)×6+10(점)

내 점수: _____ 점

점수별 등급표
90점~100점: 1등급(~4%)
80점~90점: 2등급(4~11%)
70점~80점: 3등급(11~23%)
60점~70점: 4등급(23~40%)
50점~60점: 5등급(40~60%)

※해당 등급은 절대적이지 않으며 지역, 학교 시험 난도, 기타 환경 요소에 따라 편차가 존재할 수 있으므로 신중하게 활용하시기 바랍니다.